●本書の補足情報・正誤表を公開する場合があります．当社 Web サイト（下記）で本書を検索し，書籍ページをご確認ください．

https://www.morikita.co.jp/

●本書の内容に関するご質問は下記のメールアドレスまでお願いします．なお，電話でのご質問には応じかねますので，あらかじめご了承ください．

editor@morikita.co.jp

●本書により得られた情報の使用から生じるいかなる損害についても，当社および本書の著者は責任を負わないものとします．

JCOPY 〈（一社）出版者著作権管理機構 委託出版物〉
本書の無断複製は，著作権法上での例外を除き禁じられています．複製される場合は，そのつど事前に上記機構（電話 03-5244-5088, FAX 03-5244-5089, e-mail: info@jcopy.or.jp）の許諾を得てください．

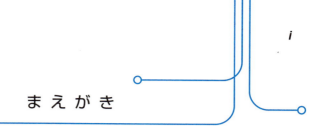

まえがき

　電子回路の重要性についてはいまさら強調するまでもない．日々新しい技術が生まれる情報通信系分野では専門領域の細分化が急速に進んでおり，電子回路設計を専門とする学生だけでなくさまざまな分野の学生が，基礎科目としての電子回路を短時間に効率よく学ぶ必要に迫られている．近年のこのような要請に応えるために，本書はアナログ回路およびデジタル回路の内容を厳選し，かつ中学高校との接続教育を強く意識して，幅広い分野の学生が学習できる入門書とすることを目的としている．

　執筆にあたっては「図で見てわかる回路解析」を目標に，多数の図をまじえてできるだけ詳しくかつコンパクトな解説を心がけた．回路解析といえば高校物理の電気分野で学習するループ解析法が一般的であるが，電子回路では素子数が多く，ループを過不足なく考えて回路方程式を立てることが簡単ではない．一方，節点解析法とよばれる計算法は，回路の節点電位に注目して回路方程式を立てる方法で，式が立てやすく，加えて電位を「高さ」と考えることで回路の状態を「見える化」しやすい利点がある．ただし，この方法では正しい「節点」の定義が意外と難しい．本書では初学者にわかりやすく，かつ指導者も説明しやすい工夫として「導面」および「電位図」という概念を導入し，これにより回路の状態を簡単に可視化する方法を丁寧に説明した．

　本書の第 1 章では，中学高校で学ぶ電気の知識を節点電位の考え方で再構成し，図を元にした回路解析を通して回路を直感的に見抜く方法を示している．とくに，電子回路ではコンデンサの役割が重要であるが，他書ではあまり触れられないため，このコンデンサの振る舞いについて図を用いて詳しく説明している．第 2, 3, 4 章については，第 1 章で解説した計算方法を用いてアナログ回路の解析手順を詳しく説明している．第 5 章ではデジタル回路の基礎および基本回路をコンパクトにまとめている．本書の各例題に対してはできるだけその類題を章末問題に収めているので，これらにより理解を深めて頂きたい．

　本書がこの分野の学習を始める方々のための入門書として，少しでもお役に立てれば幸いに思う．執筆にあたり，すでに出版されている多くの良書を参考にさせて頂いたので，巻末に感謝の気持ちを込めて一覧にした．また，本書執筆の機会を与えて下さった森北出版の方々に深謝したい．

2019 年 8 月

著　者

目　　次

第1章　電子回路のための基礎知識 ・・・・・・・・・・・・・・・・・・・・・・ *1*

1.1　電気回路の基礎 ・・・・・・・・・・・・・・・・・・・・・・・・・・・・・・・・ *1*
　　1.1.1　直流と交流　*1*
　　1.1.2　電　源　*3*
　　1.1.3　導　線　*5*
　　1.1.4　抵抗・コンデンサ・コイル　*6*
　　1.1.5　キルヒホッフの法則　*8*

1.2　回路解析の基礎 ・・・・・・・・・・・・・・・・・・・・・・・・・・・・・・・・ *9*
　　1.2.1　節点解析法　*9*
　　1.2.2　回路解析のための諸定理　*15*
　　1.2.3　コンデンサとコイルの除去　*19*
　　1.2.4　直流交流混在回路　*21*
　　1.2.5　周波数特性　*23*

補足 A ・・ *26*

章末問題 ・・ *35*

第2章　ダイオード回路 ・・・・・・・・・・・・・・・・・・・・・・・・・・・・ *37*

2.1　半導体 ・・・・・・・・・・・・・・・・・・・・・・・・・・・・・・・・・・・・・・ *37*
　　2.1.1　半導体の分類　*37*
　　2.1.2　n 形半導体　*37*
　　2.1.3　p 形半導体　*38*

2.2　ダイオード ・・・・・・・・・・・・・・・・・・・・・・・・・・・・・・・・・・ *39*
　　2.2.1　ダイオードの特性　*39*
　　2.2.2　ダイオードの分類　*40*

2.3　ダイオードの直流回路 ・・・・・・・・・・・・・・・・・・・・・・・・ *41*
　　2.3.1　基本解析法　*41*
　　2.3.2　近似解析法　*44*

2.4　ダイオードの直流交流混在回路 ・・・・・・・・・・・・・・・・ *47*
　　2.4.1　抵抗とダイオードの回路　*47*
　　2.4.2　小信号回路　*49*

目 次 **iii**

2.5　さまざまなダイオード回路 ・・・・・・・・・・・・・・・・・ *53*

補足 B ・・・・・・・・・・・・・・・・・・・・・・・・・・・・・・・ *58*

章末問題 ・・・・・・・・・・・・・・・・・・・・・・・・・・・・・・ *60*

第3章

トランジスタ回路 ・・・・・・・・・・・・・・・・・・・・・・ *62*

3.1　トランジスタ ・・・・・・・・・・・・・・・・・・・・・・・ *62*

　　3.1.1　バイポーラトランジスタ　*62*

　　3.1.2　トランジスタの増幅原理　*63*

　　3.1.3　トランジスタの静特性　*64*

3.2　トランジスタの直流回路 ・・・・・・・・・・・・・・・・ *68*

　　3.2.1　基本解析法　*68*

　　3.2.2　近似解析法　*74*

3.3　トランジスタの直流交流混在回路 ・・・・・・・・・・ *80*

　　3.3.1　抵抗とトランジスタの回路　*80*

　　3.3.2　小信号回路　*83*

補足 C ・・・・・・・・・・・・・・・・・・・・・・・・・・・・・・・ *91*

章末問題 ・・・・・・・・・・・・・・・・・・・・・・・・・・・・・・ *93*

第4章

さまざまな電子回路 ・・・・・・・・・・・・・・・・・・・ *97*

4.1　トランジスタ増幅回路 ・・・・・・・・・・・・・・・・・ *97*

　　4.1.1　増幅回路の基礎　*97*

　　4.1.2　増幅回路の接地方式　*99*

　　4.1.3　エミッタ接地増幅回路　*100*

　　4.1.4　バイアス　*107*

　　4.1.5　周波数特性　*110*

4.2　演算増幅回路 ・・・・・・・・・・・・・・・・・・・・・・・ *111*

　　4.2.1　理想演算増幅器　*111*

　　4.2.2　反転増幅回路と仮想短絡　*112*

　　4.2.3　さまざまな演算回路　*114*

4.3　発振回路 ・・・・・・・・・・・・・・・・・・・・・・・・・・ *116*

　　4.3.1　発振回路の原理　*116*

　　4.3.2　さまざまな発振回路　*117*

補足 D ・・・・・・・・・・・・・・・・・・・・・・・・・・・・・・・ *122*

章末問題 ・・・・・・・・・・・・・・・・・・・・・・・・・・・・・・ *123*

iv 目 次

第5章 デジタル回路 · *125*

5.1 デジタル回路の基礎 · *125*

    5.1.1 アナログ回路とデジタル回路 　*125*

    5.1.2 2進数 　*125*

    5.1.3 ブール代数 　*128*

    5.1.4 論理回路 　*130*

    5.1.5 論理式の簡単化 　*134*

5.2 組合せ回路と順序回路 · *138*

    5.2.1 デコーダ回路 　*138*

    5.2.2 加算器 　*140*

    5.2.3 フリップフロップ 　*143*

章末問題 · *148*

章末問題解答 · *150*

引用・参考文献 · *183*

索 引 · *184*

1 電子回路のための基礎知識

1.1 電気回路の基礎

　抵抗，コンデンサ，コイルなど，電圧と電流が比例する素子を**線形素子**といい，これらを用いて構成される回路を**線形回路**という．一方，電圧と電流が比例しないダイオードやトランジスタなどの素子を**非線形素子**といい，**電子回路**にはこれらの素子が含まれる．本節では，電子回路について本格的に学習する前の準備として，線形回路に関する基礎事項について確認する．

1.1.1 直流と交流

　回路内の任意の点における電流の大きさや向きが一定のとき，これを**直流**という．一方，大きさや向きが時間的に変動するとき，これを**交流**という．図 1.1 に直流と交流の例を示す．直流の回路を**直流回路**，交流の回路を**交流回路**という．一般に，直流の電流や電圧には I や V，交流の電流や電圧には i や v を用いる．なお，この図に示すように，電流の矢印は電流の流れる向きを意味し，矢印どおりに流れる電流を正とする．電圧の矢印は始点に対する終点の電位を意味し，始点に対して終点の電位が高

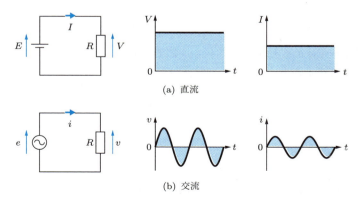

図 **1.1**　直流と交流

い場合を正とする[†1]．**電圧の矢印は必ずしも電流の向きと一致しない**点に注意が必要である．

交流電流を

$$i = I_0 \cos(\omega t + \phi) \tag{1.1}$$

と定義したとき，I_0 を振幅，ω を角周波数，ϕ を初期位相という．この式において $\omega = \phi = 0$ とおくと，$i = I_0$ となり時間によらず一定となり，これは直流そのものである．したがって，**直流は周波数 0 の交流である**とみなせる．

また，式 (1.1) では交流を正弦波[†2]としたが，電子回路では**交流は正弦波とは限らない**．電子回路の中には任意波形の電気信号を扱う回路があり，そのような回路では，交流電源は任意波形の信号を生成する信号源と考える．ただし，そのような回路を解析する際でも交流を正弦波として考えてよい．これは，図 1.2 に示すように，**任意波形の信号はさまざまな周波数の正弦波に必ず分解できる**[†3]ことに起因しており，解析上，信号波形は純粋な正弦波として考え，実際の信号に対しては周波数ごとの解析結果を合成（重ね合わせ）すればよいと考える．

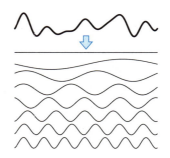

図 1.2 任意の信号はさまざまな周波数の正弦波に分解できる

なお，電圧や電流の変動が極めて小さい交流信号をとくに小信号とよび，特別な計算法で回路を解析する．一方，小信号とはいえないような変動の大きな交流信号を大信号という．

[†1] 本書では，電流の矢印は導線上に，電圧の矢印は素子や電源の横に，できるだけ表記する．
[†2] cos は余弦波であるが，cos は sin の位相をずらすだけで得られるため，余弦波も区別なく正弦波とよぶ．
[†3] この分解をフーリエ級数展開という．たとえば，マイクで受音した音声は，不規則に変動する波形をしているが，このような信号もさまざまな周波数の正弦波に必ず分解できる．

1.1.2 電源

電源は電気回路を駆動するためのエネルギー源となる装置である．電源には電圧源と電流源がある．それぞれの電源はさらに理想電源と実際の電源に分けて考えられる．理想電源は回路を解析するうえで理想的な性質をもつ電源で，実在しない数学的モデルである．一方，実際の電源は理想電源に抵抗などを付加して実在する電源と同じ性質をもたせた電源である．各電源の性質を表 1.1 に示す．

表 1.1 電源の性質

	電圧源	電流源
出力電圧	理想：回路に依存せず一定 実際：負荷抵抗が小さくなると低下	大きさ・極性ともに回路に依存
出力電流	大きさ・向きともに回路に依存	理想：回路に依存せず一定 実際：負荷抵抗が大きくなると低下

(1) 理想電圧源

理想電圧源は定電圧源ともよばれ，以下の性質がある．

- 出力電圧は接続する回路に依存せず一定
- 出力電流は大きさ・向きともに接続する回路に依存

本書において，理想電圧源は図 1.3(a) の記号で表される．理想電圧源の出力電圧は接続される回路に依存せず，かたくなに E_0 を維持する[†]．したがって，図 (b) の回路において R（この抵抗を電源に対する負荷抵抗という）を限りなく 0 に近づけていくと，$I = E_0/R$ の関係より，電源の出力電流 I は無限大になる．無限大の電流が出力できる電源は実在しないため，これを「理想」電圧源という．一方，電圧源の出力電流は接続する回路に依存して決まる．回路によっては電圧の極性とは逆に流れることもある．

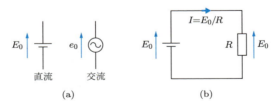

図 1.3 理想電圧源

[†] 交流の場合は，振幅や周波数を一定に維持する．

(2) 実際の電圧源

実際の電圧源には次の性質がある．

- 出力電圧は接続する回路の負荷抵抗が小さくなるほど低下
- 出力電流は大きさ・向きともに接続する回路に依存

実際の電圧源は図 1.4 の破線内の回路でモデル化できる．ここで，抵抗 r は電圧源の**内部抵抗**（交流回路の場合は**内部インピーダンス**）とよばれる．実際の電圧源では R を徐々に小さくすると，I は増加するものの内部抵抗における電圧降下 rI も増加するため，出力電圧 E はその分低下する．また，$R = 0$（短絡）としても電流は無限大ではなく有限値 E_0/r となる[†]．実際の電圧源の出力電流は，理想電圧源と等しく接続する回路に依存して決まる．

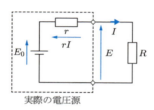

図 1.4 実際の電圧源

(3) 理想電流源

電流源は電圧源とまったく逆の性質をもつ電源である．**理想電流源**は**定電流源**ともよばれ，以下の性質がある．

- 出力電流は接続する回路に依存せず一定
- 出力電圧は大きさ・極性ともに接続される回路に依存

本書において，理想電流源は図 1.5(a) の記号で表し，矢印の向きが電流の向きである．理想電圧源は出力「電圧」を一定値に維持するが，一方，理想電流源は出力「電

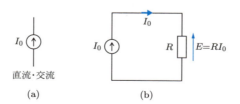

図 1.5 理想電流源

[†] ただし，通常 r は非常に小さいため，大きな電力が消費され大量の熱が発生する．

流」をかたくなに I_0 に維持する．したがって，図 (b) の回路において R を限りなく大きくしていくと，$E = RI_0$ の関係より E は無限大になる．無限大の電圧を出力できる電源は実在しないため，これを「理想」電流源という．一方，電流源の出力電圧は回路に依存して決まる．これは極性 $(+, -)$ についてもいえることで，**電流源の出力端子は，いずれの電位が高くなるか（＋になるか）は接続する回路に依存する**[†]．

(4) 実際の電流源

実際の電流源には次の性質がある．

- **出力電流は接続する回路の負荷抵抗が大きくなるほど低下**
- **出力電圧は大きさ・極性ともに接続される回路に依存**

実際の電流源は図 1.6 の破線内の回路でモデル化できる．ここで，抵抗 ρ は電流源の**内部抵抗**（交流回路の場合は**内部インピーダンス**）とよばれる．実際の電流源では R を徐々に大きくすると，内部抵抗への分岐電流が増加して R を通る電流が低下する．また，$R = \infty$（開放）としても電圧は無限大ではなく有限値 ρI_0 となる．実際の電流源の出力電圧は，理想電流源と等しく接続する回路に依存して決まる．

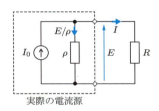

図 1.6　実際の電流源

1.1.3　導　線

導線は，素子どうしをつなぎ電流を通す経路である．導線の抵抗は 0 とみなすため電流が流れても電圧降下は生じず，**導線内はいたるところ等電位である**と考える．

図 1.7(a) に示すように，ある回路の任意の 2 点間を導線で接続することを**短絡**または**ショート** (short) という．また，導線を切断することを**開放**または**オープン** (open) という．**スイッチ**は短絡と開放を切り替える回路部品である．

図 1.7(b) に示すように，ある素子を外し，素子につながっていた導線どうしを直接接続することを**短絡除去**という．一方，素子を外すのみで導線どうしを接続しない場合を**開放除去**という．

[†] 電圧源の電流の向きが回路に依存するのと同じく，電流源の電圧の極性は回路に依存する．

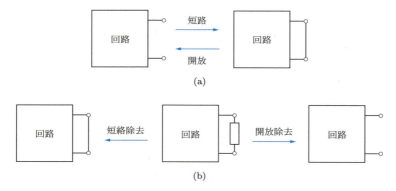

図 **1.7** 短絡と開放

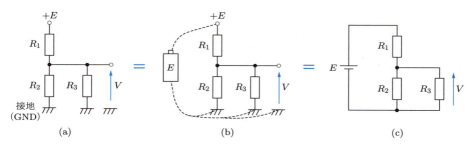

図 **1.8** 導線の省略

回路が複雑になると，導線が多くなり見通しが悪くなる．そこで，直流電圧源とそれにつながる導線を省略することがある．たとえば，図 1.8(a) には直流電圧源が書かれていないが，これは図 (b) に示す $+E$ の端点と直流電圧源の $+$ 極をつなぐ導線，および接地記号（グランド）と $-$ 極をつなぐ導線を省略しており，省略せずに描くと図 (c) のようになる．回路を読む際，接地点は電位の基準 ($0\,\mathrm{V}$) と考える．

1.1.4 抵抗・コンデンサ・コイル
(1) 抵 抗

抵抗 R（単位 Ω）の電流 I および両端電位差 V の間には，以下の関係が成り立つ．

$$V = RI \tag{1.2}$$

これを**オームの法則**という．オームの法則は直流回路，交流回路のいずれにおいても成立する．すなわち，交流回路において抵抗の電流 i および両端電位差 v の間には以下の関係が成り立つ．

$$v = Ri \tag{1.3}$$

このオームの法則から，回路解析上重要な以下の 2 つの性質が導かれる．

- **電流の流れていない抵抗の両端電位は等しい**[†1]
- **抵抗の両端電位を一致（短絡）させると抵抗に電流は流れない**[†2]

(2) コンデンサ

直流回路において，コンデンサ（容量）C（単位 F）は電流を遮断する素子である[†3]．ただし，両端電位差が V のとき次式で決まる電荷 Q が蓄積される．

$$Q = CV \tag{1.4}$$

この式は交流回路でも成り立つ．すなわち，両端電位差が v のとき，次式で決まる電荷 q が蓄積される．

$$q = Cv \tag{1.5}$$

この式より，回路解析上重要な以下の 2 つの性質が導かれる．

- **蓄積電荷が 0 のコンデンサの両端電位は等しい**[†4]
- **コンデンサの両端電位を一致（短絡）させると蓄積電荷は 0 になる**[†5]

交流回路において，コンデンサの電流 i および両端電位差 v の間には以下の関係が成り立つ[†6]．

$$i = \frac{dq}{dt} = C\frac{dv}{dt} \tag{1.6}$$

いま，電流が $i = I_0 \cos(\omega t)$ のとき，両端電位差は

$$v = \frac{1}{C}\int i\,dt = \frac{1}{\omega C}I_0 \sin(\omega t) = \frac{1}{\omega C}I_0 \cos(\omega t - \pi/2) \tag{1.7}$$

となり，v は i より位相が $\pi/2$ 遅れ，振幅が $1/\omega C$ 倍になる．

コンデンサの両端電位差（電圧）と電流の関係をオイラーの公式を用いて交流表現（フェーザ表現）すると，

$$v = Z_C i, \quad Z_C = \frac{1}{j\omega C} \tag{1.8}$$

[†1] $I = 0$ ($i = 0$) のとき $R \neq 0$ より $V = 0$ ($v = 0$) となるから．

[†2] $V = 0$ ($v = 0$) のとき $R \neq 0$ より $I = 0$ ($i = 0$) となるから．

[†3] 物理的にみても 2 つの平行平板の間に絶縁体を挟んだ構造で，電流を通せない．ただし，電荷の充電や放電が停止するまでは，コンデンサにつながる導線には電流が流れる（極板間には流れない）．

[†4] $Q = 0$ ($q = 0$) のとき $C \neq 0$ より $V = 0$ ($v = 0$) となるから．

[†5] $V = 0$ ($v = 0$) のとき $C \neq 0$ より $Q = 0$ ($q = 0$) となるから．

[†6] 蓄積電荷の増える速さは電流の大きさに等しく $i = dq/dt$．

8 第1章 電子回路のための基礎知識

となり[†1]，オームの法則のような時間に依存しない関係式が導かれる[†2]．この式で電圧と電流の比例係数 Z_C は虚数であり，これを**容量性リアクタンス**（単位 Ω）という．

(3) コイル

直流回路において，**コイル L**（単位 H）はただの導線に過ぎない[†3]．

交流回路において，コイルの電流 i および両端電位差 v の間には以下の関係が成り立つ．

$$v = L\frac{di}{dt} \tag{1.9}$$

いま，電流が $i = I_0\cos(\omega t)$ のとき，両端電位差は

$$v = L\frac{d}{dt}I_0\cos(\omega t) = -\omega L I_0\sin(\omega t) = \omega L I_0\cos(\omega t + \pi/2) \tag{1.10}$$

となり，v は i より位相が $\pi/2$ 進み，振幅が ωL 倍になる．

コイルの両端電位差（電圧）と電流の関係をオイラーの公式を用いて交流表現（フェーザ表現）すると，

$$v = Z_L i, \quad Z_L = j\omega L \tag{1.11}$$

となり，オームの法則のような時間に依存しない関係式が導かれる[†4]．この式で，電圧と電流の比例係数 Z_L は虚数であり，これを**誘導性リアクタンス**（単位 Ω）という．

抵抗（実数），コンデンサ（虚数），コイル（虚数）を組み合わせた回路では，電圧と電流の比例係数が複素数となる．これを**インピーダンス**（単位 Ω）とよぶ．

1.1.5 キルヒホッフの法則

回路内の任意の閉路（ループ）上にある N 個の素子の電圧を V_k $(k = 1, \dots, N)$ としたとき，その総和は必ず 0 となる．

$$\sum_{k=1}^{N} V_k = 0 \tag{1.12}$$

これを**キルヒホッフの電圧則**という．

また，回路内の任意の節点に流入する N 本の電流を I_k としたとき，その総和は必

---

†1 j は虚数単位で $j = \sqrt{-1}$ である．電気回路では電流を i で表すため，虚数単位は i ではなく j を用いる．

†2 補足 A.1 節（1）参照．

†3 ただし，定常的な電流が流れるまでは両端に電位差が生じる．

†4 補足 A.1 節（1）参照．

ず 0 となる.

$$\sum_{k=1}^{N} I_k = 0 \tag{1.13}$$

これを**キルヒホッフの電流則**という.

ここではすべて直流（V_k や I_k）で説明したが，交流（v_k や i_k）でも成り立つ.

1.2 回路解析の基礎

回路内の各素子の電圧や電流を求めることを**回路解析**という．解析対象である回路の状態には，電圧や電流が安定している**定常状態**と，電源投入してから定常状態になるまでの間や，ある定常状態から別の定常状態に遷移する間の**過渡状態**がある．本書では，定常状態にある回路の解析についてのみ説明する．

1.2.1 節点解析法

定常状態の回路の解析法には**網目解析法**（ループ電流法）と**節点解析法**がある．本書では節点解析法を用いるため，この解析法について詳しく説明する．なお，ここでは直流抵抗回路を用いて説明するが，本手法は一般の線形な交流回路でも成り立つ．

節点解析法は，導線上に節点を定義し，その電位に着目して回路を解析する方法である．ところで，導線は回路図上は「線」であるが，実在の回路では線とは限らない．実際，電子回路では図 1.9 に示すように，導線は基板上の銅の薄いパターンの「面」であり，導体であれば形は問わない[†]．そこで，本書では導線を線ではなく面とみなして

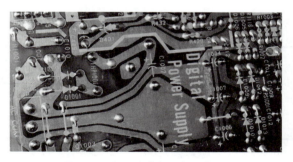

図 1.9　プリント基板の半田面の例

[†] 導線の形が問題になる回路もあるが，本書ではそのような回路を対象としない．

これを**導面**とよび，この導面を節点と考えて解析を行う[†]．

図 1.10 の回路を例にして，解析の手順について説明する．

手順 1　導面（等電位面）　まず，回路図の「導線」を「導面」にする．図 1.11(a) に示すように各導線を太らせ（または導線を囲む），できるだけ単純な形の「面」にする．注意すべきは形ではなく導面の枚数である．図の場合 3 枚の導面が得られる．

手順 2　電位図　次に，各導面間の電位差を可視化するために，垂直上向きを電位の正とした図 1.11(b) のような図を描く．導面内はいたるところ等電位であるので，この図において各導面は水平線で表される．また，電池の + 側の導面は − 側より上となり，高さの差は電池の電圧に比例するように描く．高さ

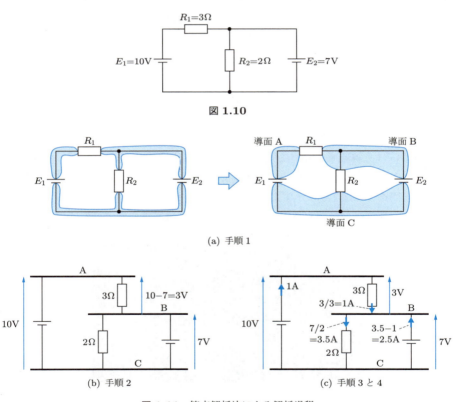

図 1.11　節点解析法による解析過程

[†] 節点解析法における節点とは「連続する等電位な導体全体」を指し，点でないばかりか実際の回路では線でもない．導面とはまさに「連続する等電位な導体全体」であり，これにより節点解析法の「節点」を正確に定義できる．

が不明な導面については適当な位置に描き込み，その高さを変数でおく．すべての導面を描き込んだ後，導面間に抵抗を挿入する．この図を本書では電位図とよぶ．電位図はキルヒホッフの電圧則の可視化に相当する．図 (b) より，$3\,\Omega$，$2\,\Omega$ の両端電位差は $3\,\mathrm{V}$，$7\,\mathrm{V}$ とわかる．

手順 3　抵抗の電流　次に，図 1.11(c) に示すように，各抵抗の両端導面間の電位差 V と抵抗値 R からその電流 I をオームの法則により求める．電位図において**抵抗での電流は必ず下向き**となる．図の場合，$3\,\Omega$，$2\,\Omega$ の電流は $3\,\mathrm{V}/3\,\Omega = 1\,\mathrm{A}$，$7\,\mathrm{V}/2\,\Omega = 3.5\,\mathrm{A}$ とわかる．

手順 4　電流の収支合わせ　最後に，各導面における電流の収支を考える．キルヒホッフの電流則が示すように，**各導面の流入電流と流出電流は一致する**．図 1.11(c) の場合，導面 A は $3\,\Omega$ に向かって $1\,\mathrm{A}$ の流出があるため，$E_1\,(= 10\,\mathrm{V})$ から $1\,\mathrm{A}$ の流入がなければならない．よって，E_1 の電流は導面 C から A 向きに $1\,\mathrm{A}$ となる．導面 B では $3\,\Omega$ から $1\,\mathrm{A}$ の流入，$2\,\Omega$ に $3.5\,\mathrm{A}$ の流出があるため，$E_2\,(= 7\,\mathrm{V})$ から $2.5\,\mathrm{A}$ の流入が必要である．よって，E_2 の電流は導面 C から B 向きに $2.5\,\mathrm{A}$ となる．高さが不明な導面がある場合は，各導面における電流の収支から未知変数の方程式を立てて解く．

例題 1.1　図 1.10 の E_2 が以下の場合の電位図を描き，抵抗および電池を流れる電流とその向きを求めよ．

(1)　$E_2 = 10\,\mathrm{V}$　　　　　　(2)　$E_2 = 1\,\mathrm{V}$　　　　　　(3)　$E_2 = -2\,\mathrm{V}$（正負逆転）

解答　(1)　図 1.12(a) に電位図を示す．導面 C からみた A および B の電位がともに $10\,\mathrm{V}$ と等しくなることから，導面 AB 間の電位差 V_{R1} は 0 となる．

① $R_1 \neq 0$ より $I_{R1} = V_{R1}/R_1 = 0$，すなわち R_1 には電流は流れない

② R_2 の電流は $I_{R2} = V_{R2}/R_2 = 5\,\mathrm{A}\ (\mathrm{B} \to \mathrm{C})$

③ 導面 A から R_1 への流出電流は 0 なので，E_1 からの流入電流 I_{E1} も 0，すなわち**電池 E_1 に電流は流れない**

④ 導面 B には R_2 への流出電流 $5\,\mathrm{A}$ があるので，E_2 からの流入電流 $I_{E2} = 5\,\mathrm{A}\ (\mathrm{C} \to \mathrm{B})$ が必要

　　　　答え　$I_{R1} = 0\,\mathrm{A}$，$I_{R2} = 5\,\mathrm{A}\ (\mathrm{B} \to \mathrm{C})$，$I_{E1} = 0\,\mathrm{A}$，$I_{E2} = 5\,\mathrm{A}\ (\mathrm{C} \to \mathrm{B})$

(2)　図 1.12(b) に電位図を示す．

① 導面 AB 間の電位差は $V_{R1} = E_1 - E_2 = 9\,\mathrm{V}$

② R_1 の電流は $I_{R1} = V_{R1}/R_1 = 3\,\mathrm{A}$

③ R_2 の電流は $I_{R2} = V_{R2}/R_2 = E_2/R_2 = 0.5\,\mathrm{A}$

④ 導面 A には R_1 への流出電流 $3\,\mathrm{A}$ があるので，E_1 の電流は $I_{E1} = 3\,\mathrm{A}\ (\mathrm{C} \to \mathrm{A})$

⑤ 導面 B には R_1 からの流入電流 $3\,\mathrm{A}$ と，R_2 への流出電流 $0.5\,\mathrm{A}$ があるので，E_2 の

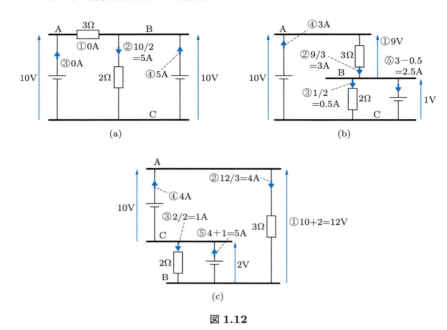

図 1.12

電流は $I_{E2} = I_{R1} - I_{R2} = 2.5\,\text{A}\ (\text{B} \to \text{C})$，すなわち，**電流が電地 E_2 を逆流する**

答え　$I_{R1} = 3\,\text{A}\ (\text{A} \to \text{B})$，$I_{R2} = 0.5\,\text{A}\ (\text{B} \to \text{C})$，
$I_{E1} = 3\,\text{A}\ (\text{C} \to \text{A})$，$I_{E2} = 2.5\,\text{A}\ (\text{B} \to \text{C})$

(3) 図 1.12(c) に電位図を示す．E_2 が正負逆転するので導面 B は C より低くなる．
① 導面 AB 間の電位差は $V_{R1} = 10 + 2 = 12\,\text{V}$
② R_1 の電流は $I_{R1} = V_{R1}/R_1 = 4\,\text{A}\ (\text{A} \to \text{B})$
③ R_2 の電流は $I_{R2} = E_2/R_2 = 1\,\text{A}\ (\text{C} \to \text{B})$
④ 導面 A には②の流出電流 $4\,\text{A}$ があるので，E_1 からの流入電流 $I_{E1} = 4\,\text{A}\ (\text{C} \to \text{A})$ が必要
⑤ 導面 B には②の流入電流 $4\,\text{A}$，③の流入電流 $1\,\text{A}$ があるので，E_2 への流出電流 $I_{E2} = 4 + 1 = 5\,\text{A}\ (\text{B} \to \text{C})$ が必要

答え　$I_{R1} = 4\,\text{A}\ (\text{A} \to \text{B})$，$I_{R2} = 1\,\text{A}\ (\text{C} \to \text{B})$，
$I_{E1} = 4\,\text{A}\ (\text{C} \to \text{A})$，$I_{E2} = 5\,\text{A}\ (\text{B} \to \text{C})$

注意　(1) や (2) にみるように，回路解析上は電池の電流は必ず − から + に向かって流れるとは限らず，まったく流れなかったり，逆流することもある．

例題 1.2 図 1.13 の回路において導面を定義し，これをもとに電位図を描き，図から抵抗および電池を流れる電流とその向きを求めよ．

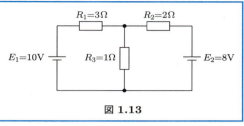

図 1.13

解答 導面の定義を図 1.14(a) に示す．この図から回路は 4 枚の導面 A, B, C, D をもつことがわかる．図 (b) に電位図を示す．この回路の場合，導面 AD 間と CD 間の電位差は電池によって定まるが，**導面 B の電位は不明**である．そこで，導面 B が CD 間にあると仮定し，次のように考える．

① 導面 D からみた B の電位を x とおく
② 導面 AB 間の電位差は $10-x$
③ 導面 CB 間の電位差は $8-x$
④ R_1 の電流は $I_{R1} = (10-x)/3$ (A → B)
⑤ R_2 の電流は $I_{R2} = (8-x)/2$ (C → B)
⑥ R_3 の電流は $I_{R3} = x/1$ (B → D)

ここで，導面 B への流入電流は④と⑤，流出電流は⑥であるので，

$$\frac{10-x}{3} + \frac{8-x}{2} = \frac{x}{1}$$

が成り立ち，これより $x = 4\,\mathrm{V}$ と求められ，R_1 の電流は $2\,\mathrm{A}$ (A → B)，R_2 の電流は $2\,\mathrm{A}$ (C → B)，R_3 の電流は $4\,\mathrm{A}$ (B → D) と計算できる．さらに，電池の電流は以下のように求められる．

⑦ 導面 A には④の流出電流 $2\,\mathrm{A}$ があるので，E_1 からの流入電流は $I_{E1} = 2\,\mathrm{A}$ (D → A)
⑧ 導面 C には⑤の流出電流 $2\,\mathrm{A}$ があるので，E_2 からの流入電流は $I_{E2} = 2\,\mathrm{A}$ (D → C)

答え $I_{R1} = 2\,\mathrm{A}\,(\mathrm{A} \to \mathrm{B})$, $I_{R2} = 2\,\mathrm{A}\,(\mathrm{C} \to \mathrm{B})$, $I_{R3} = 4\,\mathrm{A}\,(\mathrm{B} \to \mathrm{D})$, $I_{E1} = 2\,\mathrm{A}\,(\mathrm{D} \to \mathrm{A})$, $I_{E2} = 2\,\mathrm{A}\,(\mathrm{D} \to \mathrm{C})$

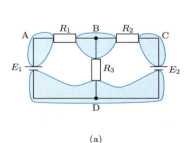

(a)

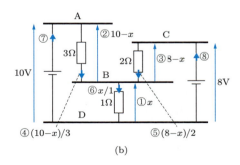

(b)

図 1.14

注意 解答では，導面 B の位置を導面 C と D の間として x をおいたが，この位置は自由においても答えはかわらない．たとえば，導面 AC 間に B があるとしてこれを x（①）とすると，電位図は図 1.15 のようになる．この場合，導面 B への流入電流は④，流出電流は⑤と⑥となるので，キルヒホッフの電流則より，

$$\frac{10-x}{3} = \frac{x-8}{2} + \frac{x}{1}$$

となり，これより先の解説と同じ答え $x = 4\,\text{V}$ が求められる．ただし，この答えから導面 B が C より低い位置にあることが判明するため，最終的に電位図は図 1.14(b) のように描きかえる必要がある．

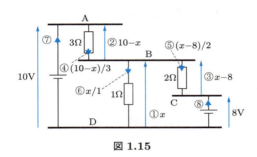

図 1.15

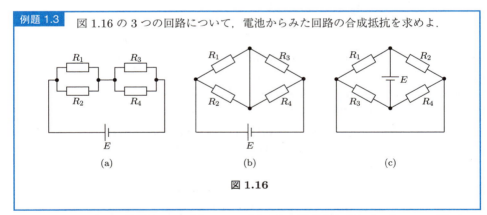

例題 1.3 図 1.16 の 3 つの回路について，電池からみた回路の合成抵抗を求めよ．

図 1.16

解答 3 つの回路は一見異なるが，図 1.17 に示すように導面を定義することで，いずれも 3 枚の導面 A, B, C で構成された回路で，
- R_1 と R_2 は導面 AB 間
- R_3 と R_4 は導面 BC 間
- E は導面 AC 間（＋ は導面 A 側）

にそれぞれ接続されており，抵抗および電池の接続関係がまったく等しい回路であることがわかる．すなわち，**これらの回路はすべて同じ回路である**といえる．よって，電池から

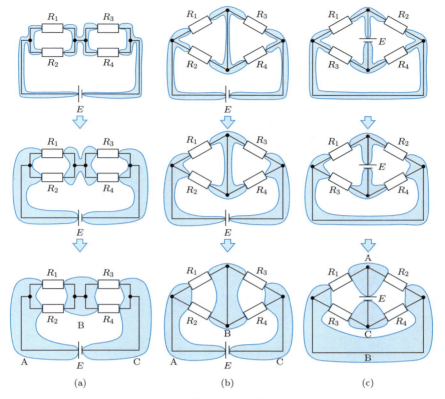

図 1.17　導面の回路図を得る過程

みた回路の合成抵抗 R は3回路とも等しく，図 (a) の回路より容易に求められる．

$$答え \quad R = \frac{R_1 R_2}{R_1 + R_2} + \frac{R_3 R_4}{R_3 + R_4}$$

1.2.2　回路解析のための諸定理
(1) 電源の等価変換

　電流源，とくに理想電流源は見慣れない電源のため直感的に理解するのが難しいが，**実際の電流源**については以下の考察から特別な電源ではないことが理解できる．

　実際の電圧源（図 1.4）および電流源（図 1.6）の電位図を図 1.18 に示す．実際の電圧源および電流源では以下が成り立つ．

$$E_0 = rI + E \tag{1.14}$$

$$I_0 = I + \frac{E}{\rho} \tag{1.15}$$

16 第1章 電子回路のための基礎知識

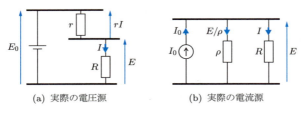

図 **1.18** 実際の電源の電位図

いま，式 (1.15) の両辺に ρ をかけると

$$\rho I_0 = \rho I + E \tag{1.16}$$

となり，これと式 (1.14) との比較より，

$$r = \rho, \quad E_0 = rI_0 \tag{1.17}$$

のとき，任意の負荷抵抗 R に対して実際の電圧源と電流源は同じ電源といえる．すなわち，実際の電圧源は，式 (1.17) の関係を満たす実際の電流源に変換可能である（逆も可）といえる．これを**電圧源・電流源の等価変換**という†．この等価変換を図 1.19 に示す．

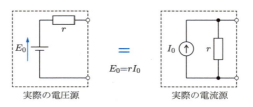

図 **1.19** 電圧源・電流源の等価変換

> **例題 1.4** 図 1.20 の回路について，電圧源・電流源の等価変換を用いて端子 a-b 間が理想電圧源 1 つと抵抗 1 つの直列接続のみになるよう変換せよ．
>
>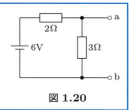
>
> 図 **1.20**

---

† つまり，市販の電池は**理想電圧源に直列に内部抵抗を接続した電源**と考えてもよいが，**理想電流源に並列に内部抵抗を接続した電源**と考えてもよいことがわかる．

解答 6 V の理想電圧源と 2 Ω の抵抗の直列接続は，$6/2 = 3$ A の理想電流源と 2 Ω の抵抗の並列接続と等価であるので，回路は図 1.21(a) のように描きかえられる．この回路において 2 Ω と 3 Ω は並列接続なので，これらを合成して $2 \times 3/(2+3) = 1.2$ Ω の抵抗 1 つに置きかえられて図 (b) となる．さらに，3 A の理想電流源と 1.2 Ω の抵抗の並列接続は $3 \times 1.2 = 3.6$ V の理想電圧源と 1.2 Ω の抵抗の直列接続と等価であるので，図 (c) の回路に変換できる．

答え　図 1.21(c)

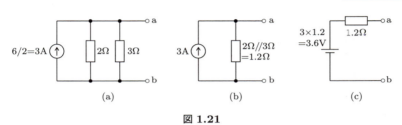

図 **1.21**

> **例題 1.5**　図 1.22 の回路において，電圧源・電流源の等価変換を用いて，R_2 を流れる電流 I_2 を求めよ．ただし，$R_1 = 2$ Ω，$R_2 = 3$ Ω，$R_3 = 8$ Ω，$E_1 = 3$ V，$E_2 = 4$ V，$I_0 = 1.5$ A とせよ．
>
>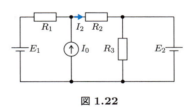
>
> 図 **1.22**

解答 回路は図 1.23(a) から図 (d) のように変換できる．まず，理想電圧源 E_1 と R_1 の直列接続は，$E_1/R_1 = 1.5$ A の理想電流源と 2 Ω の並列接続と等価であるので，図 (a) とできる．図 (a) は，図 (b) のように 2 Ω と I_0 を入れ替えてもよく，この回路は図 (c) のように 2 つの電流源をまとめて 3 A の電流源にした回路と等価である．理想電流源 3 A と 2 Ω の並列接続は $2 \times 3 = 6$ V の理想電圧源と 2 Ω の直列接続と等価であるので，図 (d) に変換できる．

この回路から，$R_2 (= 3\,\Omega)$ を流れる電流は 2 Ω を流れる電流と等しく，これらの合成抵抗 5 Ω を流れる電流とも等しいことがわかる．図 1.23(e) のように導面を定義して電位図を描くと図 (f) となり，この図より $I_2 = (6-4)/5 = 0.4$ A と求められる．

答え　$I_2 = 0.4$ A

18 第 1 章 電子回路のための基礎知識

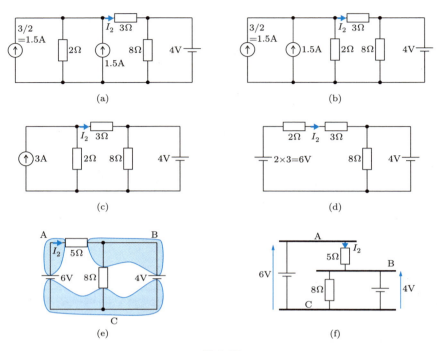

図 1.23

(2) テブナンの定理

電源と抵抗で構成された図 1.24(a) のような回路の任意の 2 点を引き出して a, b としたとき, この回路は図 (b) のような電圧 V_{ab}, 内部抵抗 R_{ab} の電圧源とみなせる. これを**テブナンの定理**という†. ここで, V_{ab} および R_{ab} は以下によって決まる.

- V_{ab} : 図 (a) の回路における端子 a-b 間の電位差
- R_{ab} : 図 (a) の回路内のすべての**電圧源を短絡除去**, **電流源を開放除去**したときの端子 a-b からみた合成抵抗

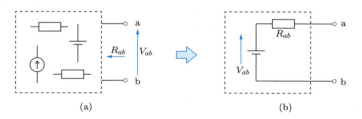

図 1.24

---

† 図では直流でかつ抵抗を例にして説明しているが, 交流回路でかつコンデンサやコイルが含まれていもよい. その場合は「抵抗」を「インピーダンス」と読み替える.

例題 1.6　テブナン定理を用いて例題 1.4 を解け．

解答　端子 a-b 間の電圧は $V_{ab} = 3/(2+3) \times 6 = 3.6\,\mathrm{V}$ である．R_{ab} はテブナンの定理より電圧源 6 V を短絡除去した図 1.25(a) を考え，a-b 間の合成抵抗を考えると，図より $2\,\Omega$ と $3\,\Omega$ の並列接続とわかる．なぜなら，a-b 間に適当な電位差を与えると，図 (b) のような電位図となるからである．以上より，$R_{ab} = 2 \times 3/(2+3) = 1.2\,\Omega$ と求められる．よって，$V_{ab} = 3.6\,\mathrm{V}$，$R_{ab} = 1.2\,\Omega$ とした図 1.24(b) の回路は，図 1.21(c) と等しい．

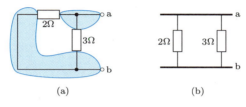

図 1.25

1.2.3　コンデンサとコイルの除去

回路が直流のみまたは交流のみの回路（直流と交流が混在していない回路）で，かつ定常状態にある場合，条件次第でコンデンサやコイルを除去して考えることができる．電子回路は素子数が多いため，除去可能な素子はできるだけ除去し，回路を簡単化することで解析が容易になる．

(1) コンデンサの除去　コンデンサのインピーダンスは $|Z_C| = 1/\omega C$ より

- ωC が十分大きいとき，インピーダンス **0** として短絡除去
- ωC が十分小さいとき，インピーダンス **∞** として開放除去

によって回路を簡単化してよい．

(2) コイルの除去　コイルのインピーダンスは $|Z_L| = \omega L$ より

- ωL が十分大きいとき，インピーダンス **∞** として開放除去
- ωL が十分小さいとき，インピーダンス **0** として短絡除去

によって回路を簡単化してよい．

以上を表 1.2 にまとめる．直流は $\omega = 0$ の交流と考えられるため[†]，たとえばコンデンサの場合は，C の値にかかわらず開放除去と考える．一方，角周波数 ω $(\omega > 0)$ の交流回路では ωC の値によって開放か短絡かが変わるので注意が必要である．また，前述のようにこれらの性質は常時成り立つものではなく，**直流と交流が混在する回路**や**定常状態でない回路**には単純に適用できない．除去の本質を理解すれば，どのようなとき除去可能であるかを判断することができる（補足 A.3 節参照）．

[†] 直流は周波数 0 の交流．1.1.1 項参照．

20 第 1 章 電子回路のための基礎知識

表 1.2 コンデンサとコイルの除去

	コンデンサ	コイル
直流回路	開放除去	短絡除去
交流回路 (ωC や ωL が十分小さい)	開放除去	短絡除去
交流回路 (ωC や ωL が十分大きい)	短絡除去	開放除去
直流交流混在回路	—	—

例題 1.7 図 1.26 の回路が定常状態であるとき各抵抗および電源の電流を求めよ．また，コンデンサの電圧を求めよ．ただし，C は十分大きいとせよ．

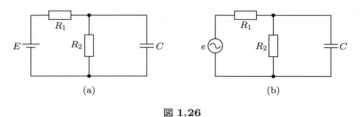

図 1.26

解答 (a) 直流回路ではコンデンサを開放除去した回路を考えればよい．したがって，回路は図 1.27(a) のようになり，図 (b) の電位図より R_1 の電流は $I_{R1} = E/(R_1+R_2)$ (A → B)，R_2 の電流は $I_{R2} = E/(R_1+R_2)$ (B → C)，E の電流は $I_E = E/(R_1+R_2)$ (C → A) と求められる．また，C の両端電位差 V_C は R_2 のそれと等しい．

答え $I_{R1} = I_{R2} = I_E = E/(R_1+R_2)$，ただし，$I_{R1}$ は A → B，I_{R2} は B → C，I_E は C → A，$V_C = ER_2/(R_1+R_2)$

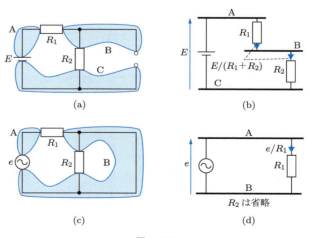

図 1.27

(b) 交流回路において C が十分大きいとき，そのコンデンサを短絡除去した回路を考えればよい．したがって，回路は図 1.27(c) となり，電位図 (d) より $i_{R1} = i_e = e/R_1$，$i_{R2} = 0$ となる．また，C の両端電位差 v_C は R_2 のそれと等しい．

答え $i_{R1} = i_e = e/R_1$, $i_{R2} = 0$, $v_C = 0$

注意 (a) の場合は C を，(b) の場合は C だけでなく R_2 も除去できる．素子数が減るほど解析が容易になるため，このような除去は回路解析には欠かせない．

1.2.4 直流交流混在回路

電子回路ではしばしば直流と交流が混在する．このような場合，**直流成分と交流成分を分離**することで回路を解析することができる[†]．ここでは図 1.28(a) の直流交流混在回路を例に，解析に用いる等価回路の導出手順を説明し，接地点に対する A および B の電位の時間変化について考える．ここで，C は十分大きいとする．

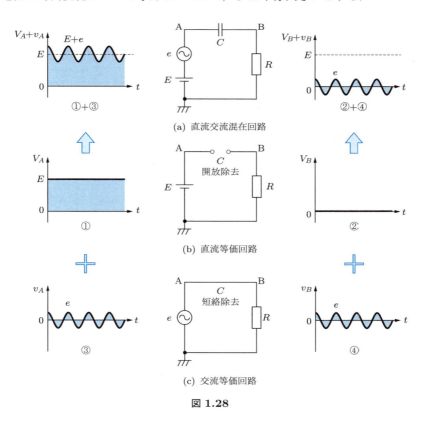

図 1.28

[†] 直流と交流が分離可能である理由は，補足 A.2 節および 1.2.3 項を参照．

手順 1　直流等価回路　まず，$e = 0$ としてこれを短絡除去し，直流回路とする．直流回路ではコンデンサは開放除去とみなせるため，図 1.28(b) の回路が得られる．この回路を**直流等価回路**という．コンデンサが開放されるため R の電流は 0（つまり，R の両端電位差 0）となり，①および②のグラフのように，接地点に対する A の電位は E であるにもかかわらず B の電位は 0 となる．

手順 2　交流等価回路　次に，元の回路において E を短絡除去して交流回路とする．交流回路では十分大きなコンデンサは短絡除去とみなせるため，図 1.28(c) の回路が得られる．この回路を**交流等価回路**という．コンデンサが短絡されるため，③および④のグラフのように，B の電位は A の電位と等しくなる．

手順 3　直流と交流の合成　以上より，元の回路の A および B の電位は，図 1.28(b) と (c) のグラフを足し合わせた図 (a) の ① + ③ および ② + ④ のグラフとなる．A の電位は E を中心とした振動であるが，B は直流成分 E が除去され 0 を中心とした振動になることがわかる．A を入力，B を出力と考えたとき，このような作用を「**コンデンサは直流をカットする**」や「**コンデンサは直流を通さない**」などといい，トランジスタ回路の出力部にしばしばみられる．

例題 1.8　図 1.29 の回路の A および B の接地点に対する電位の時間変化を描け．ただし，C は十分大きいとせよ．

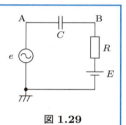

図 1.29

解答　まず，e を短絡除去，C を開放除去して直流等価回路を考えると，図 1.30(b) となる．コンデンサが開放されるため R の電流は 0（つまり，R の両端電位差 0）となり，①および②のグラフのように，接地点に対する A の電位は 0 であるにもかかわらず B の電位は E となる．次に，E と C を短絡除去して交流等価回路を考えると，図 (c) となる．コンデンサが短絡されるため，③および④のグラフのように，B の電位は A の電位と等しくなる．

以上より，問題の回路の A および B の電位は，図 1.30(b) と (c) のグラフを足し合わせた図 (a) の ① + ③ および ② + ④ のグラフとなる．

答え　図 1.30(a) の ① + ③ および ② + ④ のグラフ

注意　A の電位は 0 を中心とした振動であるが，B は E だけかさ上げされて，E を中心とした振動になることがわかる．このかさ上げを**バイアス**とよび，トランジスタ回路の入力部にしばしばみられる．

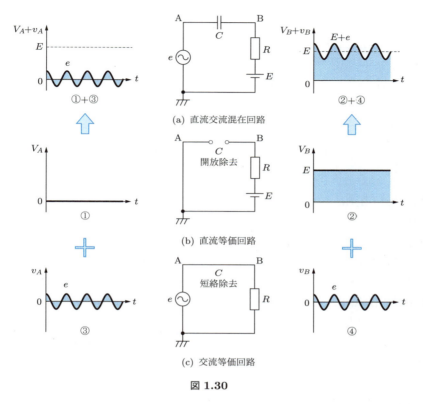

図 1.30

1.2.5 周波数特性
(1) 低域通過フィルタ

図 1.31(a) のような回路において，v_{in} を入力，v_{out} を出力と考えると，その比は次のように求められる．

$$\frac{v_{out}}{v_{in}} = \frac{\dfrac{1}{jwC}}{R + \dfrac{1}{j\omega C}} = \frac{1}{1 + j\omega RC} = \frac{1}{1 + \dfrac{jf}{f_H}} \tag{1.18}$$

ただし，$f = \omega/2\pi$ でかつ $f_H = 1/2\pi RC$ [Hz] である．いま，これをデシベル形式†で考えると，

$$G = 20\log_{10}\left|\frac{v_{out}}{v_{in}}\right| = -20\log_{10}\sqrt{1 + \left(\frac{f}{f_H}\right)^2} \,[\text{dB}] \tag{1.19}$$

---

† 補足 A.1 節 (4) 参照．

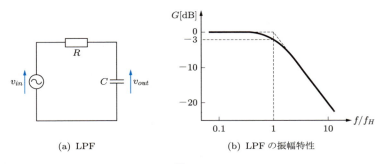

(a) LPF　　　　(b) LPF の振幅特性

図 1.31

と書け，図 1.31(b) のようなグラフとなる．

　グラフからわかるとおり，回路の周波数 f が低いとき G はほぼ $0\,\mathrm{dB}$，すなわち，v_{in} と v_{out} の比は 1 であり，出力は入力とほぼ等しくなることがわかる．一方，f が f_H を超えるあたりから G はほぼ直線的に減衰しており，周波数が高いほど出力の振幅が減衰することがわかる．このような特性をもつ回路を低域通過フィルタまたはローパスフィルタ (Low Pass Filter, LPF) という．つまり，低域通過フィルタとは，低い周波数は通す（出力される）が，高い周波数は通さない（出力されない）回路である[†]．

　とくに，$f = f_H$ のとき $|v_{out}/v_{in}| = 1/\sqrt{2}$，すなわち，$G = -20\log_{10}\sqrt{2} \fallingdotseq -3\,\mathrm{dB}$ となる．この周波数を高域遮断周波数という．

(2) 高域通過フィルタ

　図 1.32(a) のような回路において v_{in} を入力，v_{out} を出力と考えると，その比は次のように求められる．

$$\frac{v_{out}}{v_{in}} = \frac{R}{R + \dfrac{1}{j\omega C}} = \frac{j\omega RC}{1 + j\omega RC} = \frac{1}{1 + \dfrac{f_L}{jf}} \tag{1.20}$$

ただし，$f = \omega/2\pi$ でかつ $f_L = 1/2\pi RC\ [\mathrm{Hz}]$ である．いま，これをデシベル形式で考えると，

$$G = 20\log_{10}\left|\frac{v_{out}}{v_{in}}\right| = -20\log_{10}\sqrt{1 + \left(\frac{f_L}{f}\right)^2}\ [\mathrm{dB}] \tag{1.21}$$

と書け，図 1.32(b) のようなグラフとなる．

[†] 低域通過フィルタのふるまいは，おもりのついたばねの一方を上下に振動させるときに似ている．手でゆっくり上下（入力）させている間はおもりの振動（出力）は手に追従するが，手を早く動かすと振動がおもりに伝わらずにほとんど振動しなくなる．

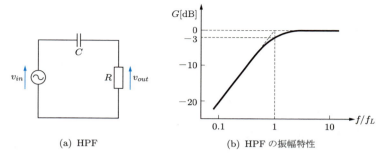

(a) HPF (b) HPF の振幅特性

図 **1.32**

　グラフからわかるとおり，回路の周波数 f が高いとき G はほぼ $0\,\mathrm{dB}$，すなわち v_{in} と v_{out} の比は 1 であり，出力は入力とほぼ等しくなることがわかる．一方，f が f_L より小さくなるあたりから G はほぼ直線的に減衰しており，周波数が低いほど出力の振幅が減衰することがわかる．このような特性をもつ回路を高域通過フィルタまたはハイパスフィルタ (High Pass Filter, HPF) という．つまり，高域通過フィルタとは，高い周波数は通す（出力される）が，低い周波数は通さない（出力されない）回路である．

　とくに，$f = f_L$ のとき $|v_{out}/v_{in}| = 1/\sqrt{2}$，すなわち $G = -20\log_{10}\sqrt{2} \fallingdotseq -3\,\mathrm{dB}$ となる．この周波数を低域遮断周波数という．

補足 A

A.1 回路解析に必要な数学

(1) オイラーの公式と交流の複素表現（フェーザ表現）

交流の電流や電圧は cos のような三角関数で表すこともできるが，交流理論では次の<u>オイラーの公式</u>を用いて複素数表現するのが一般的である．

$$a + jb = re^{j\theta} \tag{1.22}$$

ここで，$r = \sqrt{a^2 + b^2}$，$\tan\theta = b/a$ である．オイラーの公式は図 1.33(a) に示すように，複素平面上の点 $a + jb$ がその原点からの距離 r と偏角 θ を用いて指数表現できることを意味する．

オイラーの公式を用いると，次の電流

$$i = I_0 \cos(\omega t + \phi) \tag{1.23}$$

は図 1.33(b) より次式のように表される[†1][†2]．

$$i = \mathrm{Re}[I_0 e^{j(\omega t + \phi)}] \tag{1.24}$$

いま，この電流に対するコンデンサおよびコイルの電圧 v_C，v_L を考えると，式 (1.7) および式 (1.10) より，

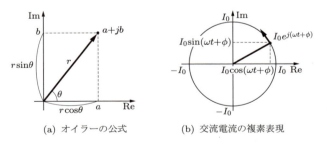

(a) オイラーの公式　　(b) 交流電流の複素表現

図 **1.33** 複素平面とオイラーの公式

[†1] オイラーの公式によると，複素数 $I_0 e^{j(\omega t + \phi)}$ は，複素平面上の原点を中心とする半径 I_0 の円上を角周波数 ω で回転する点である．したがって，その実部をとると元の式と一致する．

[†2] $\mathrm{Re}[\cdot]$ は複素数の実部を取り出すことを意味する．

$$v_C = \mathrm{Re}\left[\frac{1}{\omega C}I_0 e^{j(\omega t + \phi - \pi/2)}\right] \tag{1.25}$$

$$v_L = \mathrm{Re}\left[\omega L I_0 e^{j(\omega t + \phi + \pi/2)}\right] \tag{1.26}$$

と表せる．そこで，$i = I_0 e^{j(\omega t + \phi)}$，$v_C$，$v_L$ を

$$v_C = \frac{1}{\omega C}I_0 e^{j(\omega t + \phi - \pi/2)} = \frac{1}{e^{j\pi/2}\omega C}I_0 e^{j(\omega t + \phi)} = \frac{1}{j\omega C}I_0 e^{j(\omega t + \phi)} \tag{1.27}$$

$$v_L = \omega L I_0 e^{j(\omega t + \phi + \pi/2)} = e^{j\pi/2}\omega L I_0 e^{j(\omega t + \phi)} = j\omega L I_0 e^{j(\omega t + \phi)} \tag{1.28}$$

のように複素数として再定義すると，

$$v_C = Z_C i, \quad Z_C = \frac{1}{j\omega C} \tag{1.29}$$

$$v_L = Z_L i, \quad Z_L = j\omega L \tag{1.30}$$

となり，オームの法則のような時間に依存しない関係式が導かれる．

これらの式で電圧と電流の比例係数 Z_C や Z_L は虚数であり，したがって，抵抗（実数），コンデンサ（虚数），コイル（虚数）を組み合わせた回路では電圧と電流の比例係数が複素数となる．これを**インピーダンス**（単位 Ω）とよぶ．

複素表現は回路解析を容易にするが，式 (1.29) や式 (1.30) のような表現は**回路内に単一周波数の電源しか存在しない場合のみ有効**である．異なる周波数の電源や直流と交流の混在回路では，これらをそのまま使用できないことに注意が必要である．

(2) 線形と非線形

変数 x と y に対して $y = f(x)$ の関係があり，任意の定数 a，b に対して，

$$f(ax_1 + bx_2) = af(x_1) + bf(x_2) \tag{1.31}$$

が成り立つとき，$y = f(x)$ は**線形**であるという．また，成り立たないときは**非線形**であるという．たとえば，$f_1(x) = px$，$f_2(x) = px + q$，$f_3(x) = px^2$ とすると，$f_1(x)$ は式 (1.31) を満たすので線形であるが，$f_2(x)$，$f_3(x)$ は満たさないので非線形である．

x や y はベクトルでもよく，ベクトル $\boldsymbol{x}$，$\boldsymbol{y}$，行列 A についての $\boldsymbol{y} = A\boldsymbol{x}$ の行列計算は線形といえる．なぜなら，任意の定数 a，b に対して次式が成り立つからである．

$$A(a\boldsymbol{x}_1 + b\boldsymbol{x}_2) = aA\boldsymbol{x}_1 + bA\boldsymbol{x}_2 \tag{1.32}$$

以上より，たとえば，$\boldsymbol{x} = \begin{pmatrix} i_b \\ v_{ce} \end{pmatrix}$，$\boldsymbol{y} = \begin{pmatrix} v_{be} \\ i_c \end{pmatrix}$，$A = \begin{pmatrix} h_{ie} & h_{re} \\ h_{fe} & h_{oe} \end{pmatrix}$ と考えたとき，次の関係式も線形であるといえる．

$$v_{be} = h_{ie}i_b + h_{re}v_{ce} \tag{1.33}$$

$$i_c = h_{fe}i_b + h_{oe}v_{ce} \tag{1.34}$$

(3) 線形近似

なめらかな曲線または曲面は局所的には直線または平面で近似できる．これを**線形近似**という．まず，1 変数関数で表される曲線の線形近似について考える．

図 1.34 に示す破線の曲線が関数 $Y = f(X)$ と書けるとする．また，この曲線上のある点 Q の座標が (X_0, Y_0) であるとすると，次式が成り立つ．

$$Y_0 = f(X_0) \tag{1.35}$$

いま，点 Q の接線上の点 $P(X_0 + x, Y_0 + y)$ を考えると，x と y は次の線形な式を満たす．

$$y = f'(X_0)x \tag{1.36}$$

ここで，$f'(X_0)$ は点 Q における微分係数で，

$$f'(X_0) = \left.\frac{df}{dX}\right|_{X=X_0} \tag{1.37}$$

である．点 Q からの変化量 x および y が十分小さいとき，点 P はおよそ曲線 $Y = f(X)$ 上にあると近似できる．これを **1 変数関数の線形近似**という．

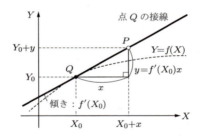

図 1.34 1 変数関数の線形近似

次に，2 変数関数で表される曲面の線形近似について考える．図 1.35(a) に示す破線の曲面が 2 変数関数 $Z = f(X, Y)$ と書けるとする．また，この曲面上のある点 Q の座標が (X_0, Y_0, Z_0) であるとすると，次式が成り立つ．

$$Z_0 = f(X_0, Y_0) \tag{1.38}$$

いま，点 Q の接平面上の点 $P(X_0 + x, Y_0 + y, Z_0 + z)$ を考えると，図 (b) より x と y と z は次の線形な式を満たす[†]．

$$z = f_x x + f_y y \tag{1.39}$$

ここで，f_x および f_y は点 Q における偏微分であり，次のように求められる．

[†] 2 変数関数 $f(X, Y)$ の X に関する偏微分 $f_x (= \partial f / \partial X)$ とは，Y を一定に保ち f を X だけの関数とみなしたときの微分に相当する．

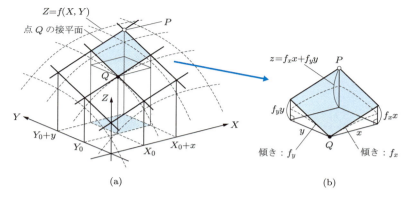

図 1.35 2 変数関数の線形近似

$$f_x = \left.\frac{\partial f}{\partial X}\right|_{(X,Y)=(X_0,Y_0)}, \quad f_y = \left.\frac{\partial f}{\partial Y}\right|_{(X,Y)=(X_0,Y_0)} \tag{1.40}$$

点 Q からの変化量 x と y が十分小さいとき，点 P はおよそ曲面 $Z=f(X,Y)$ 上にあると近似できる．これを 2 変数関数の線形近似といい，z を**全微分**という．

(4) デシベル

電子回路では電力の比 P_1/P_0 をしばしば

$$G = 10\log_{10}\frac{P_1}{P_0} \text{ [dB]} \tag{1.41}$$

のように対数で表し，これを**デシベル**という．

一方，電圧比 V_1/V_0 や電流比 I_1/I_0 はこれらを抵抗 R で消費させたときの電力比

$$G = 10\log_{10}\frac{P_1}{P_0} = 10\log_{10}\frac{|V_1|^2/R}{|V_0|^2/R} = 20\log_{10}\left|\frac{V_1}{V_0}\right| \text{ [dB]} \tag{1.42}$$

$$= 10\log_{10}\frac{|I_1|^2/R}{|I_0|^2/R} = 20\log_{10}\left|\frac{I_1}{I_0}\right| \text{ [dB]} \tag{1.43}$$

で表示する．デシベルは物理量の単位にみえるが，元の値は比であり無名数であるので，物理量ではない．表 1.3 によく使う比とそのデシベル値を示す．

表 1.3 比とデシベル

電力比	電圧比，電流比	デシベル
10000	100	40 dB
100	10	20 dB
10	約 3	10 dB
4	2	約 6 dB
2	$\sqrt{2}$	約 3 dB
1	1	0 dB
1/2	$1/\sqrt{2}$	約 -3 dB
1/4	1/2	約 -6 dB
1/10	約 1/3	-10 dB
1/100	1/10	-20 dB
1/10000	1/100	-40 dB

A.2 直流交流混在回路の数学

直流と交流の混在回路を解析する際は，回路を直流回路と交流回路に分離して考える．1.2.4 項では分離の手順について説明したが，分離可能である根拠について説明していない．ここでは，直流と交流が分離可能である理由について，図 1.36(a) を例にして考える．図の Z は線形素子（抵抗，コンデンサ，コイル）の回路とする．

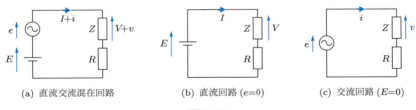

(a) 直流交流混在回路　　(b) 直流回路 ($e=0$)　　(c) 交流回路 ($E=0$)

図 1.36

この回路において交流電圧源 e を 0 にしてみる．すなわち，e を短絡除去した図 1.36(b) の直流回路を考える．このとき，Z の電圧を V，電流を I とすると，次式が成り立つ．

$$E = V + RI \tag{1.44}$$

次に，e を元に戻して図 1.36(a) としたとき，Z の電圧および電流が v および i だけ増加（変動）したとすると，次式が成り立つ．

$$E + e = V + v + R(I + i) \tag{1.45}$$

よって，式 (1.44) および式 (1.45) の差より，次の変動成分だけの式が得られる．

$$e = v + Ri \tag{1.46}$$

この式 (1.46) は，元の回路から直流電圧源 E を短絡除去した図 1.36(c) の交流回路についても成り立つ．以上のことから，図 (a) のような直流交流混在回路の解析は，直流成分と交流成分を分離して考えてもよいことがわかる．

A.3 コンデンサの除去

電気回路で生じる物理現象は数学的モデル（数式）によって表現できるものが多数あり，現象を計算によって明確にとらえることができる．一方，電気的な現象は目にみえないこともあり，物理的に何が起こっているのか直感的に理解することが難しい．新しいものを創造する立場からすると，直感的に理解できないものを応用してものづくりをすることは容易ではない．

1.2.3 項では，以下のコンデンサの除去についてインピーダンスの式をもとに説明した．
- ωC が十分大きいとき，コンデンサは短絡除去
- ωC が十分小さいとき，コンデンサは開放除去

しかし，実際のコンデンサで何が起こっているのかをインピーダンスから理解することは難しい．そこでここでは，この性質を電位図を用いて直感的に考えてみよう．

(1) コンデンサの充放電過程と電位図の変化

コンデンサの充放電過程は，オームの法則 $V = RI$ と $Q = CV$ を手掛かりに電位図を描くことで，視覚的に理解できる．ここでは図 1.37(a) の回路の電位図がコンデンサの充電過程でどのように変化するか考えよう．

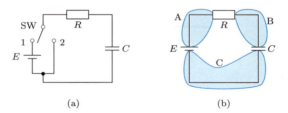

図 1.37 コンデンサの充放電回路

最初，コンデンサの蓄積電荷 Q は 0 とし，スイッチ SW を 1 に倒したときの導面を図 1.37(b) のように定義すると，SW を入れた直後の電位図は図 1.38(a) のようになる．なぜなら，コンデンサでは常に $Q = CV$ が成り立ち，いま，$Q = 0$，$C \neq 0$ より極板間電位差 V は 0 となるからである．これより，抵抗 R は電池の電圧 E をすべて引き受けることとなり，結果的に電流 $I = E/R$ が流れる．

この電流によってコンデンサに電荷 q が蓄積されたとすると，図 1.38(b) のように BC 間の電位差が $v = q/C$ となり，続いて次の過程を繰り返す．

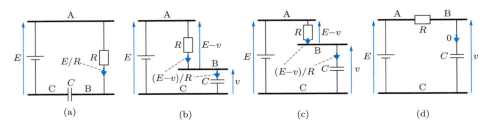

図 1.38 充電中の電位図の変化

① AB 間の電位差（R が引き受ける電圧）が $E-v$ に下がる
② R の電流（コンデンサに向かう電流）が $(E-v)/R$ に弱まる
③ $(E-v)/R \neq 0$ より引き続き電荷蓄積が進み q が増加する
④ $v = q/C$ より v も増加する（図 (c)）
⑤ ①へ戻る

以上の充電過程で v は徐々に増加し，図 (d) の電位図のように $v = E$ となると AB 間の電位差が 0 となり，R の電流が 0 になるため，コンデンサへの電荷供給が停止し，充電が終了する．

図 1.39(a) は充電中のコンデンサの極板間電位差 v の推移である．v は電位図における導面 B の高さに相当するので，図 1.38 の導面 B の変化と合わせてみると理解しやすい．SW が入った直後 ($t = 0$) の電流がもっとも強く，充電が急速に進むものの，充電電流は $E - v$ に比例するため，蓄積電荷が増加するほど充電速度は低下し，最後に E に収束することがわかる．

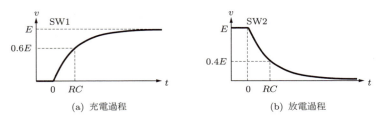

(a) 充電過程　　(b) 放電過程

図 1.39 コンデンサの充放電

一方，充電後に SW を 2 側に倒すと放電が始まる．図 1.39(b) は放電過程の v の推移である．詳細な説明は省くが，充電時と同様のカーブで放電が進むことがわかる．その理由については電位図を描きながら各自で考えてほしい．

なお，図 1.39 に示すように，充電または放電が約 6 割まで進む時間は RC と等しく，これを**時定数**という．R や C が大きいほど充電や放電は緩慢になる．

(2) 交流に対するコンデンサのふるまい

次に，図 1.40 に示す交流回路におけるコンデンサの極板間電位差 v を考える．図 (a) の e は周期的に E または 0 を繰り返す**矩形波**を出力する交流電源で，図 1.37(a) の SW を周期的に 1 または 2 に倒す回路と等価である．いま，矩形波の周期が十分に長いとき，図 1.40(c)（上段）のように SW の切り替わりごとに充電または放電となり，v は e に追従して E または 0 になる．すなわち，周期が十分長いとき v の変動幅（最大値と最小値の差）は，e の変動幅 E とほぼ一致する．しかし，徐々に周期を短くしていくと，図 (c)（中，下段）のように E または 0 に収束する前に充放電が切り替わり，結果として v の変動幅は e より小さくなる．

この現象は交流電源が正弦波の場合でも生じる．図 1.40(d) のように v の振幅は e の周期が短くなるほど，すなわち周波数が高くなるほど，充放電が追いつかなくなるため小さくなる．周波数が十分高くなると極板間電位差 v はほぼ 0 とみなせ，周囲からみるとコンデンサが短絡したようにみえる．これが**短絡除去**の実態である．

一方，交流電源の周波数が十分低い場合（直流の場合を含む），充電または放電のための時間が十分にあるため，v と e の差はわずかで，R の電流 $(e-v)/R$ は極めて小さくなる．これは，コンデンサを開放し，R の右側で回路が断線した（電流が流れない）状態に近い．これが**開放除去**の実態である．

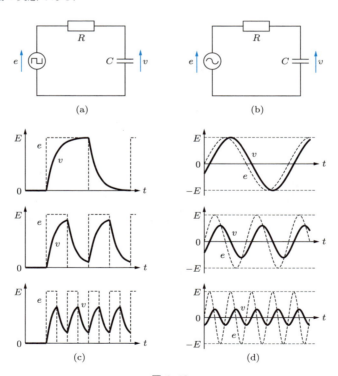

図 1.40

(3) 直流交流混在回路におけるコンデンサの除去

1.2.4 項において，直流交流混在回路のコンデンサの除去について式をもとに説明した．解析上は直流成分と交流成分を分離して考えるとしたが，実際にコンデンサで起こっている現象はどのように考えればよいだろうか．ここでは電位図をもとにコンデンサのふるまいについて考える．

図 1.41(a) の回路の導面を図 (b) のように定義する．$e=0$ のとき，この回路の電位図は図 (c) となる．コンデンサは E により充電され，その極板間電位差は E，蓄積電荷は $Q=CE$ となり，B の電位は 0 となる．この状態で e を投入すると A 側の電位が D の電位 E を中心に振動し始める．このとき，e の周波数 ω または C が十分大きいと，コンデンサの充放電が A の振動に追いつかず，電荷 Q が増えも減りもしない状態になる．すると，極板間電位差 Q/C も変化しないため，B 側の電位は常に A 側の電位より E だけ低くなり，0 を中心とした振動となる（図 (d)）．これが「コンデンサは直流をカットする」といわれる現象の直感的な説明である．例題 1.8 の回路についても同じ要領で考えると，容易にその現象を理解できる．

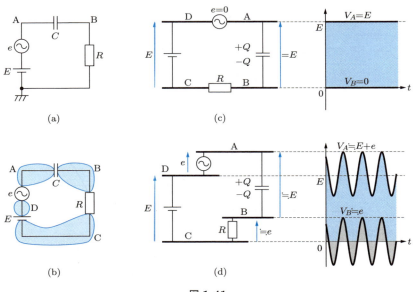

図 1.41

章 末 問 題

1.1 図 1.42 の回路について，各抵抗および各電池の電流とその向きを電位図を描いて求めよ．ただし，各パラメータは以下のとおりとせよ．

(a) $R_1 = R$, $R_2 = 2R$, $E_1 = E$, $E_2 = 2E$
(b) $R_1 = R$, $R_2 = 2R$, $R_3 = 4R$, $E_1 = 5E$, $E_2 = 4E$
(c) $R_1 = R$, $R_2 = 3R$, $R_3 = 2R$, $E_1 = 10E$, $E_2 = 3E$
(d) $R_1 = 2R$, $R_2 = R$, $R_3 = 4R$, $E_1 = 2E$, $E_2 = E$
(e) $R_1 = R$, $R_2 = 2R$, $R_3 = R$, $R_4 = 2R$, $E_1 = E$, $E_2 = 2E$
(f) $R_1 = 2R$, $R_2 = 3R$, $R_3 = R$, $R_4 = 4R$, $E_1 = E$

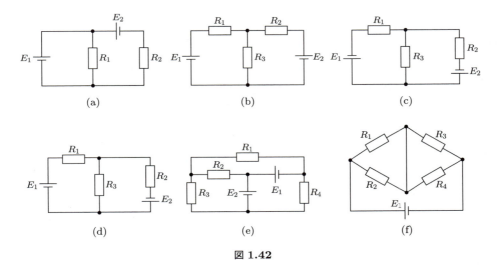

図 1.42

1.2 図 1.43 の回路において端子 1-7 間に電池を接続したとき（端子 1 を + 極），並列接続となる抵抗の組を答えよ．

1.3 市販の 1.5 V 電池 ($E_0 = 1.5$ V) に $R = 8\,\Omega$ の抵抗を接続し，両端電圧を測定すると $E = 1.2$ V になった．この電池を電流源と考えるとき，何 A の電流源とみなせるか．

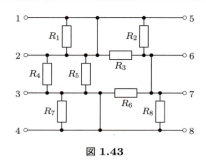

図 1.43

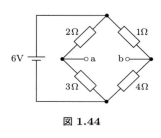

図 1.44

1.4 図 1.44 の回路について，電圧源・電流源の等価変換を用いて，端子 a-b 間が理想電圧源 1 つと抵抗 1 つの直列接続のみになるよう変換せよ．

1.5 図 1.45 の回路において，電圧源・電流源の等価変換を用いて，R_3 の電圧 V_3 を求めよ．ただし，$R_1 = R_2 = R_3 = R_4 = 1\,\Omega$, $E_0 = 3\,\mathrm{V}$, $I_0 = 4\,\mathrm{A}$ とせよ．

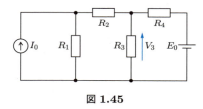

図 1.45

1.6 テブナン定理を用いて章末問題 **1.4** を解け．

2 ダイオード回路

2.1 半導体

2.1.1 半導体の分類

物質は，電気の通りやすさによって大きく導体と絶縁体に分けることができる．導体は電気をよく通す電気抵抗の小さい物質，絶縁体は電気をほとんど通さない電気抵抗の大きな物質である．半導体とは，導体と絶縁体の中間の性質をもつ物質で，シリコン (Si) やゲルマニウム (Ge) などの IV 族の元素を真性半導体，真性半導体に不純物を混ぜた半導体を不純物半導体という．とくに，真性半導体にリン (P) などの V 族の元素を微量混ぜた不純物半導体を n 形半導体，ガリウム (Ga) などの III 族の元素を微量混ぜたものを p 形半導体という．

2.1.2 n 形半導体

図 2.1(a) に Si と P の n 形半導体の模式図を示す．Si の最外殻には 4 つの電子（価電子）があり，P には 5 つある．n 形半導体では各原子が価電子を出し合って共有結合するが，その際 P の周囲で価電子が 1 つ余る．このとき，外部からエネルギーが与えられると，この電子は原子核の束縛から解放されて自由に移動できるようになる．これを自由電子という．

n 形半導体中の P はごくわずかでほとんどは Si であり，各 Si では電子の数と原子核

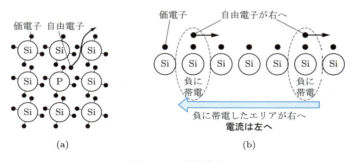

図 2.1 n 形半導体

の陽子の数が同数であることから，n形半導体内部はいたるところ電気的に中性である．しかし，自由電子がSiの近くに移動して来ると，その周囲では電子過多となり電気的には負に帯電しているとみなせる．もし，自由電子が一方向に移動すると，この負に帯電したエリアも移動する（図2.1(b) 参照）．これを**負の電荷（自由電子）を**キャリア **(carrier)** とした**電流が流れた**という．キャリアとは電流の担い手であり，この場合は自由電子である．電流の向きは正の電荷の移動の向きと定義されることから，自由電子の移動とは逆向きとなる．

2.1.3 p形半導体

図2.2(a) にSiとGaのp形半導体の模式図を示す．Gaの価電子は3つであることから，p形半導体中のGaでは価電子が1つ不足して穴があく．このとき，外部からエネルギーが与えられると，周囲の電子がその穴を埋めるように移動し，その移動によってできた穴を別の電子が埋めるように移動する．実際に移動しているものは電子であるが，見方によっては穴が電子とは逆に移動しているようにみえる．この穴をホールまたは正孔という．

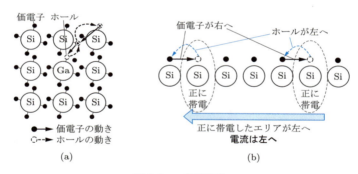

図 2.2　p形半導体

p形半導体でもGaはほんのわずかでほとんどがSiであり，そこでは電気的に中性である．しかし，ここにホールが舞い込むとその周囲では電子不足となり，電気的には正に帯電しているとみなせる．もし，ホールを埋めるように電子が次々と移動すると，この正に帯電したエリアも移動する（図2.2(b) 参照）．これを**正の電荷（ホール）をキャリアとした電流が流れた**という．この電流の向きは，正に帯電したエリアの移動方向と同じである．

2.2 ダイオード

2.2.1 ダイオードの特性

p形とn形の半導体を接合（**pn接合**という）して両端に電極をつけた半導体素子を**ダイオード**といい，p形側の電極を**アノード**，n形側の電極を**カソード**という．図2.3にダイオードの模式図を示す．図において大きな白丸は不純物原子（PやGaなど）で，Siは省略している．図(a)に示すように，p形とn形の半導体の接合面付近では不純物原子の周囲に浮遊するキャリア（ホールと自由電子）が拡散現象によって相手の領域に侵入して結合し，図(b)のようなキャリアの存在しない層を形成する．これを**空乏層**という．空乏層のp形側では電子過多で負に，n型側では電子不足で正に帯電して半導体内部に電界を作り，空乏層の外のキャリアは接合面に近づけなくなる．

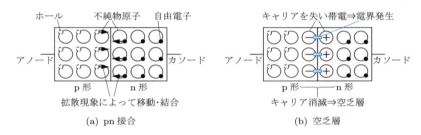

図 2.3　ダイオード

いま，直流電圧源の＋をアノードに，－をカソードに接続し，電圧を0から徐々に上げると，ある時点から急激に電流が流れ始める（図2.4(a)参照）．これは電圧源によって生じる外部電界が空乏層内の内部電界を徐々に打ち消し，ある時点からキャリアが接合面を通過できるようになるからである．このように，電流が流れる向きに直流電圧をかけることを**順方向バイアス**という．また，順方向バイアスをかけたとき

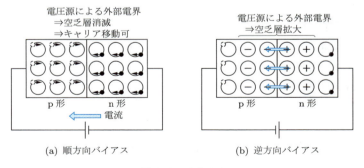

図 2.4　バイアス

電流が流れ始める電圧を**順方向降下電圧**といい，Si の場合 0.6 V～0.7 V，Ge の場合 0.2 V～0.3 V 程度である．

一方，直流電圧源の ＋ と － を逆にすると，接合面付近の内部電界は強められ，空乏層が拡大して電流は一層流れにくい状態となる（図 2.4(b) 参照）．これを**逆方向バイアス**という．

物性理論より，ダイオードの電圧 V と電流 I の関係は次式となる．

$$I = I_S \left(e^{V/mV_T} - 1 \right) \tag{2.1}$$

ここで，I_S は逆方向飽和電流，m は材料や構造によって決まる定数 ($\fallingdotseq 1$)，$V_T = kT/q$ は熱電圧（20 °C のとき約 25 mV），$k = 1.38 \times 10^{-23}$ [J/K]（ボルツマン定数），T は絶対温度，$q = 1.6 \times 10^{-19}$ [C]（電子の電荷）である．図 2.5 に Si ダイオードの V と I の関係を示す．これを**ダイオード特性**またはダイオードの特性曲線という．図に示すとおり，逆方向バイアスでも電流はわずかに流れており，かつ，ある一定以上の電圧をかけようとすると，大きな電流が流れて電圧が一定となる．これを**ツェナー降伏**といい，その電圧を**ツェナー電圧**という．

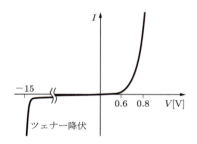

図 2.5　ダイオード特性の例

2.2.2　ダイオードの分類
(1) 整流ダイオード
ダイオードには，電流を一方向にしか流さないという機能がある．これを**整流作用**という．これを用いて交流を直流にするために使用されるダイオードを**整流ダイオード**という．図 2.6(a) に整流ダイオードの回路記号を示す．

(2) LED
LED（発光ダイオード）は，順方向バイアスをかけると光を発するダイオードである．LED の順方向降下電圧は発光する光の波長によって異なり，赤，橙，黄，緑など

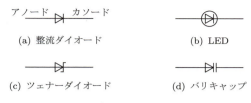

図 2.6 さまざまなダイオードの回路記号

は 2 V 前後，青，白などは 3.5 V 前後である．図 2.6(b) に LED の回路記号を示す．

(3) ツェナーダイオード

ダイオードに逆方向バイアスをかけるとツェナー降伏により一定の電圧が得られる．この現象を積極的に利用するダイオードを**ツェナーダイオード**または**定電圧ダイオード**という．ツェナーダイオードは電源回路などの出力電圧を安定にするために利用される．図 2.6(c) にツェナーダイオードの回路記号を示す．

(4) バリキャップ

ダイオードに逆方向バイアスをかけると空乏層が拡大するが，空乏層はみかけ上，正負の電荷が蓄積された状態とみることができるため，コンデンサとしても機能する．このコンデンサの容量はバイアス電圧によって変化するため，これを可変容量コンデンサとして利用できる．このような用途で用いられるダイオードを**バリキャップ**または**可変容量ダイオード**という．可変容量ダイオードは通信機器の同調回路などに利用される．図 2.6(d) に可変容量ダイオードの回路記号を示す．

2.3 ダイオードの直流回路

2.3.1 基本解析法

図 2.7 の回路を例にして，ダイオードを含む直流回路の基本的な解析法について説明する．

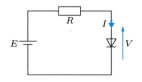

図 2.7 ダイオード回路の例

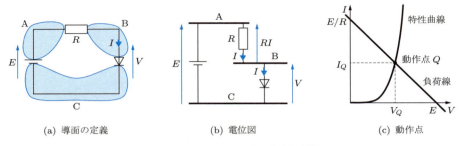

(a) 導面の定義　　(b) 電位図　　(c) 動作点

図 2.8　ダイオード回路の基本解析法

手順 1　解析にあたって，まず回路全体について電位図を描く．この回路の場合，導面は図 2.8(a) のように定義でき，電位図は図 (b) のように描ける．この時点ではダイオードと抵抗での電圧降下がどの程度であるかわからないため，適当な位置に導面 B をおいている．

手順 2　次に，ダイオードの両端電位差（電圧）V と電流 I の関係式を導く．電位図より，V と I の間には以下の関係式が成り立つ．

$$E = RI + V \tag{2.2}$$

この式を I について解くと，次式となる．

$$I = \frac{E - V}{R} \tag{2.3}$$

手順 3　次に，この式とダイオードの特性図から V および I を求める．横軸を V，縦軸を I としたダイオードの特性図において式 (2.3) は直線を意味しており，この直線は，図 2.8(c) のように横軸で E，縦軸で E/R で交わる．この直線を **負荷線** という．負荷線はキルヒホッフの法則から要請される制約であり，ダイオード特性にかかわらず，V と I はこの負荷線上になければならない．一方，特性曲線はダイオードの特性自身であり，周囲の回路によらず，V と I はこの曲線上になければならない．したがって，負荷線と特性曲線の交点 $Q(V_Q, I_Q)$ を (V, I) とすることで，2 つの要請を同時に満たすことができる．この交点を **動作点** という．

例題 2.1　図 2.9 の回路について電位図を描いて負荷線を求め，図 2.10 の特性曲線よりダイオードの電圧と電流を求めよ．
(a)　$E = 2\,\mathrm{V},\ R = 100\,\Omega$
(b)　$E = 5\,\mathrm{V},\ R_1 = 100\,\Omega,\ R_2 = 400\,\Omega$

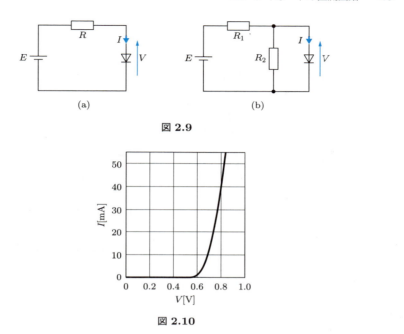

図 2.9

図 2.10

解答 (a) 電位図は図 2.8(b),負荷線は

$$I = \frac{E-V}{R} = \frac{2-V}{100}$$

であり,この式は $V = 0\,\mathrm{V}$ で $I = 20\,\mathrm{mA}$,$V = 1\,\mathrm{V}$ で $I = 10\,\mathrm{mA}$ より,図 2.11(a) の①となる.よって,負荷線①と特性曲線の交点 Q_1 をグラフから読み取り,ダイオードの電圧は 0.7 V,電流は 13 mA である.

答え $V = 0.7\,\mathrm{V}$,$I = 13\,\mathrm{mA}$

(b) 導面の定義は図 2.11(b),電位図は図 (c) となり,図より

① R_2 の電流は V/R_2
② R_1 の電流は $V/R_2 + I$
③ R_1 の電圧は $R_1(V/R_2 + I)$

と求められ,よって,$E = R_1(V/R_2 + I) + V$ の関係が導かれる.したがって,負荷線はこれを I について解き,次式となる.

$$I = -\left(\frac{1}{R_1} + \frac{1}{R_2}\right)V + \frac{E}{R_1} = -\left(\frac{1}{100} + \frac{1}{400}\right)V + \frac{5}{100}$$

この式は $V = 0\,\mathrm{V}$ で $I = 50\,\mathrm{mA}$,$V = 0.8\,\mathrm{V}$ で $I = 40\,\mathrm{mA}$ より,負荷線は図 2.11(a) の②となる.よって,負荷線②と特性曲線の交点 Q_2 をグラフから読み取り,ダイオードの電圧は 0.8 V,電流は 40 mA である.

答え $V = 0.8\,\mathrm{V}$,$I = 40\,\mathrm{mA}$

44　第 2 章　ダイオード回路

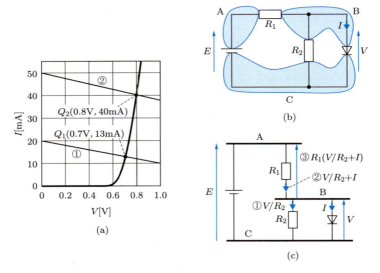

図 2.11

2.3.2　近似解析法

　ダイオード回路を解析する際，前項の方法では特性曲線と負荷線の交点から動作点を求めるために作図を要した．本項では，作図なしに解析を行う近似解析法を説明する．

　近似解析法では V_F を順方向降下電圧とし，ダイオードの特性を図 2.12 のような折線と考え，

- $V = V_F$，$I > 0$ の垂直線分上に動作点があるとき，**ダイオードは ON**
- $V \leqq V_F$，$I = 0$ の水平線分上に動作点があるとき，**ダイオードは OFF**

と定義する（折線近似）．$V_F = 0$ の場合は，これをとくに理想ダイオード特性という．

　これより，ダイオードの ON/OFF は以下の 2 つの矛盾を手掛かりに判定する．

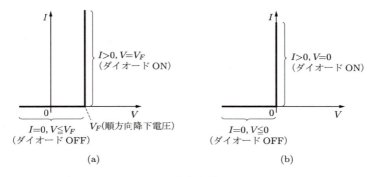

図 2.12　特性曲線の近似

- **ON** ($V = V_F$) と仮定して I を求め，$I \leq 0$ なら矛盾
- **OFF** ($I = 0$) と仮定して V を求め，$V > V_F$ なら矛盾[†]

例として，図 2.7 の回路において $E = 2\,\mathrm{V}$，$R = 100\,\Omega$，$V_F = 0.6\,\mathrm{V}$ の場合について，V と I を求める．まず，ダイオードが ON と仮定すると，図 2.13(a) の電位図のように V は常に $V_F = 0.6\,\mathrm{V}$ であり，以下のように矛盾なく計算できる．

① R の電圧降下は $E - V_F = 1.4\,\mathrm{V}$
② R の電流，すなわちダイオードの電流は $I = 1.4/100 = 14\,\mathrm{mA}\;(> 0)$

一方，ダイオードが OFF とすると，$I = 0$ であるので**抵抗 R の電流および電圧降下も 0** となり，図 2.13(b) の電位図のように導面 A と B が同電位となる．この図より $V = E = 2\,\mathrm{V}$ となり，$V > V_F$ となりダイオードが OFF であることに矛盾する．

なお，図 2.13(b) の電位図はダイオードを開放除去した図 (c) と同じであるため，**ダイオードを開放除去**して考えても同様に矛盾を導ける．

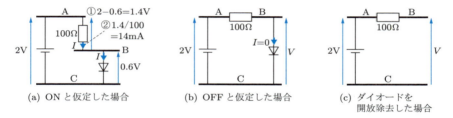

(a) ON と仮定した場合　　(b) OFF と仮定した場合　　(c) ダイオードを開放除去した場合

図 2.13　ダイオード回路の近似解析法

例題 2.2　図 2.9(b) の回路について，E が以下の電圧である場合のダイオードの ON/OFF を判定し，そのときの電圧と電流を求めよ．ただし，ダイオードの特性は折線近似して考え，$R_1 = 100\,\Omega$，$R_2 = 400\,\Omega$，$V_F = 0.6\,\mathrm{V}$ とせよ．

(1) $E = 5\,\mathrm{V}$　　　　　　　　(2) $E = 0.7\,\mathrm{V}$

解答　(1) ダイオードが ON と仮定すると，$V = V_F$ で電位図は図 2.14(a) となり，

① R_2 の電流 $I_{R2} = V/R_2 = 1.5\,\mathrm{mA}$
② R_1 の電圧 $V_{R1} = E - V = 4.4\,\mathrm{V}$
③ R_1 の電流 $I_{R1} = V_{R1}/R_1 = 44\,\mathrm{mA}$
④ ダイオードの電流は $I = I_{R1} - I_{R2} = 42.5\,\mathrm{mA}\;(> 0)$

のように矛盾なく計算できる．

[†] ダイオードが OFF，すなわち $I = 0$ であっても $V = 0$ とは限らない点に注意が必要である．ダイオードが OFF のとき動作点は $V \leq V_F$ の V 軸上にあり，この線分上のいずれの点でもダイオードは許容する．したがって，V は周辺回路の回路方程式から受動的に決まると考える．

46　第 2 章　ダイオード回路

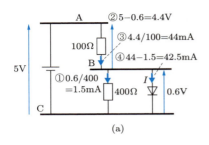 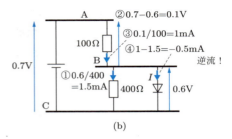

図 2.14

一方，ダイオードが OFF と仮定すると，$I = 0$ より $I_{R1} = I_{R2}$ となり回路は R_1 と R_2 の直列回路とみなせる．これより $V = V_{R2} = ER_2/(R_1 + R_2) = 4\,\mathrm{V} > 0.6\,\mathrm{V} = V_F$ となり，これはダイオード OFF に矛盾する．

答え　ダイオードは ON，$V = 0.6\,\mathrm{V}$，$I = 42.5\,\mathrm{mA}$

(2)　ダイオードが ON と仮定すると $V = V_F$ で電位図は図 2.14(b) となり，
　① R_2 の電流 $I_{R2} = V/R_2 = 1.5\,\mathrm{mA}$
　② R_1 の電圧 $V_{R1} = E - V = 0.1\,\mathrm{V}$
　③ R_1 の電流 $I_{R1} = V_{R1}/R_1 = 1\,\mathrm{mA}$
　④ ダイオードの電流は $I = I_{R1} - I_{R2} = -0.5\,\mathrm{mA}\ (<0)$
で逆流となり，矛盾する．

一方，ダイオードが OFF と仮定すると，(1) と同様に回路は R_1 と R_2 の直列回路とみなせ，$V = ER_2/(R_1 + R_2) = 0.56\,\mathrm{V} < 0.6\,\mathrm{V} = V_F$ のように矛盾なく計算できる．

答え　ダイオードは OFF，$V = 0.56\,\mathrm{V}$，$I = 0\,\mathrm{mA}$

注意　例題の直前で説明したように，ダイオードが OFF のときはこれを開放除去した場合と同じである．したがって，**一旦開放除去してみて $V < V_F$ になれば OFF** と判定してもよい．図 2.14(b) の場合，ダイオードを開放除去すると，R_1 と R_2 の直列接続だけが残り，$V = V_{R2} = ER_2/(R_1 + R_2) = 0.56\,\mathrm{V} < V_F$ より OFF と判定できる．

例題 2.3　図 2.9 (a) の回路において E を 0 から 1.5 V まで変化させたとき，ダイオードの電圧 V および電流 I の変化を横軸 E，縦軸 V，I のグラフに描け．ただし，ダイオードの特性は折線近似して考え，$V_F = 0.6\,\mathrm{V}$，$R = 1\,\mathrm{k\Omega}$ とせよ．

解答　$E = 0$ のときダイオードは明らかに OFF である．また，E が十分大きいときは ON となり，R に $(E - V_F)/R$ の電流が流れる．よって，E を 0 から徐々に増加させると，ある時点で ON になると考えられる．

ダイオードが ON のとき $V = V_F$，$I > 0$ であるので，R に電流が流れて電圧降下が生じ $V_R > 0$ となる．よって，ダイオードが ON になる条件は $E = V_R + V_F > V_F$ である．これより，$E \leqq V_F$ のときダイオードは OFF である．このとき R の電流および電圧降

下は 0 となり，図 2.13(b) と同形の電位図となるので，$V = E$ かつ $I = 0$ である．

一方，$E > V_F$ のときダイオードは ON であるので，$V = V_F$, I は R の電流に等しく，$I = I_R = (E - V_F)/R = (E - 0.6)/1000$ である．とくに，$E = 1.5\,\mathrm{V}$ のとき $I = (1.5 - 0.6)/1000 = 0.9\,\mathrm{mA}$ となる．したがって，グラフは図 2.15 のようになる．

答え　図 2.15

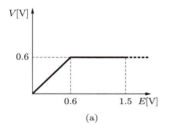 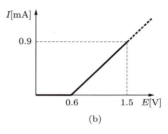

図 2.15

2.4 ダイオードの直流交流混在回路

本節では，直流と交流の混在するダイオード回路の解析法について説明する．

2.4.1 抵抗とダイオードの回路

図 2.16(a) のような直流と交流の混在する抵抗とダイオードの回路は，交流電圧源 e を直流電圧源 E の変動 ΔE ととらえることで直感的に理解できる．

$e = 0$ のとき，図 (b) の実線で示される負荷線は

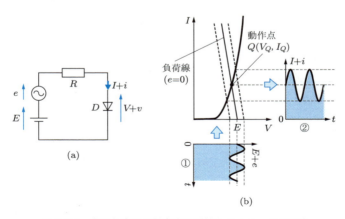

図 2.16　直流と交流が混在する抵抗とダイオードの回路

$$I = \frac{E - V}{R} \tag{2.4}$$

であるが，$e\,(=\Delta E)$ の印加により

$$I = \frac{E + \Delta E - V}{R} \tag{2.5}$$

となり，破線のように負荷線は ΔE だけ右に移動する．これにより，特性曲線と負荷線との交点は $Q(V_Q, I_Q)$ から $(V_Q + v, I_Q + i)$ に移動し，ダイオードの電流は図 (b) の②のようになる．以上のように，e の振動は図中の① → ② のように伝わり，ダイオードの電圧や電流を変動させる．

例題 2.4 図 2.16 (a) の回路について次の問いに答えよ．ただし，$R = 8\,\Omega$，ダイオードの特性は図 2.10 とせよ．
(1) 以下の場合について，ダイオードの電流の時間変化をグラフに描け．
 (a) $E = 0.8\,\text{V}$, $e = 0.1\,\text{V}$（振幅） (b) $E = 0.5\,\text{V}$, $e = 0.3\,\text{V}$（振幅）
(2) (1)(a) のグラフからダイオードの電流の変動量（最大値と最小値の差）ΔI_{pp}[†] を求めよ．

解答 (1)(a) $e = 0$ のとき，負荷線 $I = (0.8 - V)/8$ は図 2.17 (a) の実線で，動作点は $Q(0.7\,\text{V}, 13\,\text{mA})$ と求められる．$e = +0.1\,\text{V}$ のとき，負荷線は図 (a) の破線のように右に $0.1\,\text{V}$ 移動し，ダイオードの電流は $20\,\text{mA}$ に増加する．$e = -0.1\,\text{V}$ のときは約 $6\,\text{mA}$ に減少する．

答え 図 2.17 (a) の②

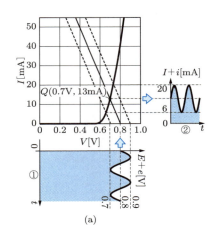 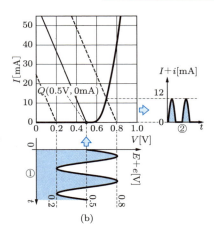

図 2.17

---

† pp は peak to peak の略．

(b) $e = 0$ のとき，図 2.17 (b) より動作点は $Q(0.5\,\mathrm{V}, 0\,\mathrm{mA})$ と求められる．$e = +0.3\,\mathrm{V}$ のとき，負荷線は図 (b) の破線のように右に $0.3\,\mathrm{V}$ 移動し，ダイオードの電流は $12\,\mathrm{mA}$ に増加する．一方，$e = -0.3\,\mathrm{V}$ のとき負荷線は左に $0.3\,\mathrm{V}$ 移動するが，特性曲線は V 軸上のため，電流は $e = 0$ の場合と同じく 0 である．

答え　図 2.17 (b) の②

(2) グラフより，電流の変動量は $\Delta I_{\mathrm{pp}} = 20 - 6 = 14\,\mathrm{mA}$ である．

答え　$\Delta I_{\mathrm{pp}} = 14\,\mathrm{mA}$

2.4.2 小信号回路

直流と小信号[†1]（十分に小さな振幅の交流）が混在する場合，**直流成分と交流成分を分離し，ダイオードの特性を線形近似**することで回路を解析的に扱えるようになる．ここでは図 2.18(a) の回路を例に解析に用いる等価回路の導出手順を示し，回路各所の電圧や電流の考え方について説明する．

手順 1　直流等価回路　次の操作により元の回路を直流回路にする．この回路を直流等価回路という．

- 交流電圧源を短絡除去 $(e = 0)$，交流電流源を開放除去
- コンデンサを開放除去，コイルを短絡除去[†2]

　次に，直流等価回路とダイオードの特性曲線より動作点を求める．図 2.18(a) の回路の場合，$e = 0$ とすることで (b) のような直流等価回路が得られる．この回路の負荷線は $I = (E - V)/R$ であり，これと特性曲線との交点から動作点が $Q(V_Q, I_Q)$ が得られる．E およびダイオードの電圧と電流は，図の①，②，③のグラフのようになる．

手順 2　交流等価回路　次の操作により元の回路を交流回路にする．この回路を交流等価回路という．

- 直流電圧源を短絡除去 $(E = 0)$[†3]
- 十分大きなコンデンサを短絡除去，十分大きなコイルを開放除去

　図 2.18(a) の回路の場合，$E = 0$ とすることで図 (c) のような回路が得られる．ここで，v および i は V_Q，I_Q からの変動成分である．

手順 3　小信号等価回路（線形近似）　手順 2 で得られた交流等価回路において，ダイオードの特性曲線を動作点で線形近似すると，**ダイオードは抵抗とみなせ，その抵抗値 r は動作点での特性曲線の接線の傾きの逆数**で決まる（図 2.19

[†1]　1.1.1 項参照．
[†2]　1.2.4 項および補足 A.3 節参照．
[†3]　補足 B.1 節 (1) 参照．

50　第 2 章　ダイオード回路

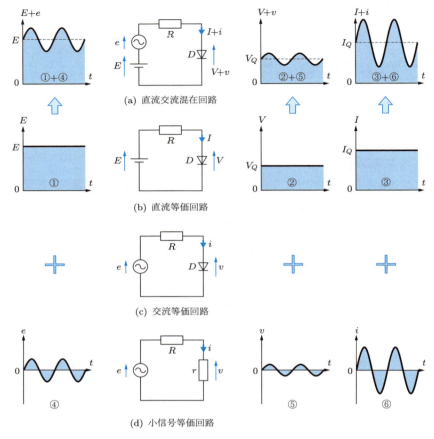

図 2.18　直流と交流の分離

参照)†．交流等価回路のダイオードを抵抗に置きかえた回路を **小信号等価回路** という．例の回路の場合，図 2.18 (d) が小信号等価回路となる．この回路において e およびダイオードの電圧と電流は，図の④，⑤，⑥のグラフのようになる．

手順 4　直流と交流の合成　以上より，$e+E$ およびダイオードの電圧と電流は，図 2.18(b) と (d) のグラフを足し合わせて図 (a) の ①＋④，②＋⑤，③＋⑥ のグラフとなる．とくに，①＋④ および ③＋⑥ は図 2.16(b) の①および②に対応しており，回路各所の電圧や電流は図 2.18(b) と (d) の合成から容易に求められる．

---

† ダイオードが抵抗とみなせる理由（ダイオードの線形近似）は，補足 B.1 節 (2) 参照．

2.4 ダイオードの直流交流混在回路

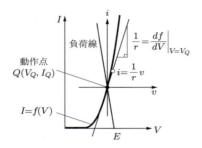

図 2.19 ダイオードの等価抵抗

例題 2.5　例題 2.4(2) で求めた電流の変動量 ΔI_{pp} を小信号等価回路を用いて求めよ．

解答　まず，直流等価回路を考える．手順 1 に従って交流電圧源を短絡除去すると，図 2.18(b) となり，例題 2.4(1)(a) の解答において $e = 0$ と考えた場合と等しく，動作点は $Q(0.7\,\mathrm{V}, 13\,\mathrm{mA})$ と求められる．

次に，交流等価回路を考える．手順 2 に従って直流電圧源を短絡除去すると，図 2.18(c) となる．さらに，手順 3 に従ってダイオードの特性曲線を動作点 Q で線形近似する．図 2.20 より Q における特性曲線の接線の傾きは $1/r = 0.04/0.2 = 1/5$，すなわちダイオードは $r = 5\,\Omega$ の抵抗と置きかえられることがわかり，これより小信号等価回路は図 2.18(d) となる．

この回路より，電流 i の振幅は $i = e/(R+r) = 0.1/(8+5) \fallingdotseq 7.7\,\mathrm{mA}$ であり，最大値と最小値の差は $\Delta I_{pp} = 7.7 \times 2 = 15\,\mathrm{mA}$ と求められる．

答え　$\Delta I_{pp} = 15\,\mathrm{mA}$

注意　得られた答えは例題 2.4(2) の答え 14 mA に近い値になっていることがわかる．

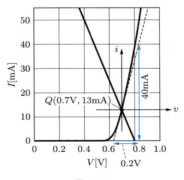

図 2.20

52 第 2 章　ダイオード回路

> **例題 2.6**　図 2.21 の回路において，$E = 0.8\,\mathrm{V}$，$R = 8\,\Omega$，e が振幅 $10\,\mathrm{mV}$ の正弦波交流のとき，次の問いに答えよ．ただし，C は十分大きいものとし，ダイオードの特性曲線は図 2.10 を用いよ．
> (1)　直流等価回路を描き，動作点 Q を求めよ．
> (2)　交流等価回路，小信号等価回路を描け．
> (3)　ダイオードの電圧および電流の時間変化をグラフに描け．
>
>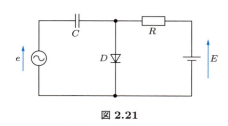
>
> 図 **2.21**

解答　(1)　直流等価回路は手順 1 に従って交流電圧源を短絡除去 $(e=0)$，コンデンサを開放除去する（これにより直列につながる e も同時に除去される）．以上より，回路は図 2.22(b) となり，例題 2.4 の図 2.17(a) と同じ考え方で動作点は $Q(V_Q, I_Q) = (0.7\,\mathrm{V}, 13\,\mathrm{mA})$ と求められる．
　　　　　　　　　　　　　　答え　直流等価回路：図 2.22(b)，$Q(0.7\,\mathrm{V}, 13\,\mathrm{mA})$
(2)　手順 2 に従って元の回路から直流電圧源およびコンデンサを短絡除去し，図 2.22(c) の交流等価回路が得られる．手順 3 に従って交流等価回路のダイオードを抵抗 r に置きかえると図 (d) となる．この図で導面を定義すると導面は 2 枚であることがわかり，これより電位図は図 (e) となる．ここで，e の矢印の向きから導面 A を B より上に描く．電位図を整理すると，図 (f) の小信号等価回路が得られる．ダイオードの特性曲線を動作点 Q で線形近似すると，例題 2.5 と同じ特性曲線，同じ動作点であるため $r=5\,\Omega$ である．
　　　　答え　交流等価回路：図 2.22(c)，小信号等価回路：図 (f)，ただし，$r=5\,\Omega$
(3)　それぞれの時間変化は直流成分と交流成分の和で求められる．直流等価回路よりダイオードの電圧は $V = 0.7\,\mathrm{V}$，電流は $I = 13\,\mathrm{mA}$ で，②および③のグラフとなる．また，小信号等価回路よりダイオード (r) の電圧 v は e と等しく，電流は $i = 10\,\mathrm{mV}/5\,\Omega = 2\,\mathrm{mA}$ で，⑤および⑥のグラフとなる．以上より，これらを足し合わせて電圧 $V+v$ は②+⑤，電流 $I+i$ は③+⑥である．
　　　　　　　　　　　答え　電圧：図 2.22(a) の②+⑤，電流：同図③+⑥

注意　①+④は e であり，コンデンサの左極板の電位の時間変動でもある．コンデンサの容量が大きいと蓄積電荷 CV_Q が逃げないため，電位差 V_Q が保たれ，左極板の電位が $0\,\mathrm{V}$ 中心の振動となっても，右極板の電位は②+⑤のように V_Q だけかさ上げ（バイアス）された振動となる[†]．

[†] 1.2.4 項および補足 A.3 節参照．

2.5 さまざまなダイオード回路　53

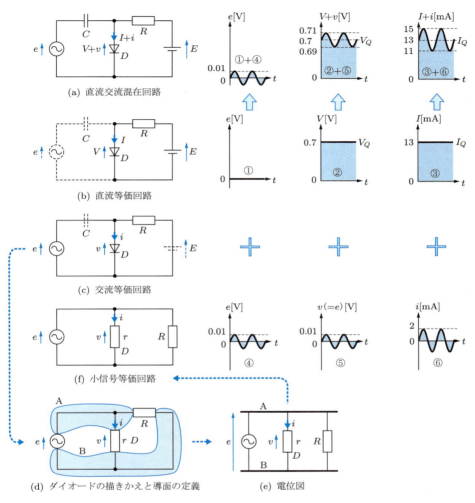

図 2.22

2.5 さまざまなダイオード回路

　本節ではダイオードを用いたさまざまな回路について説明する．本節の回路では $V_F = 0$ と近似し，ダイオードが図 2.12(b) の理想特性をもつと考える．ダイオードが理想的な場合，2.3.2 項の説明より以下の性質がいえる．

- **ON** のとき $V = 0$，ただし，$I > 0$（I は周辺回路で決まる）
- **OFF** のとき $I = 0$，ただし，$V \leqq 0$（V は周辺回路で決まる）

したがって，もしダイオードが ON ならその両端電位差は 0 であるので，ダイオードを導線に置きかえた場合（短絡除去）と同じとなる．また，もしダイオードが OFF（$I = 0$）なら，ダイオードを除去して除去後の両端子を開放した場合（開放除去）と同じとなる．すなわち，ダイオードは単なるスイッチとみなせる（ただし，電流は一方向にしか流れない）．

(1) 半波整流回路

交流から直流を得る回路を整流回路という．図 2.23(a) はダイオードを使ったもっとも単純な整流回路である半波整流回路である．ダイオードを理想的とみなせるとき，図 (b) に示すように e が正の半周期の間はダイオードが順方向にバイアスされ常に ON となり，抵抗の両端に e がかかる．一方，負の半周期の間は逆方向バイアスのためダイオードが OFF となり，抵抗両端の電位差は 0 となる．

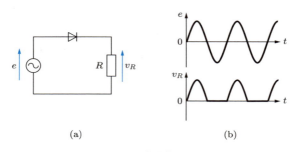

図 **2.23** 半波整流回路

抵抗の電圧 v_R は電池の電圧のように一定ではないが，平均をみると正に偏っており，これは直流成分を含むことを意味するため整流回路とみなされる．このような波形を脈流という．

(2) 全波整流回路

半波整流回路は半周期の間出力が 0 となり R に対して電力の供給がない．これに対して図 2.24 の全波整流回路は，全期間にわたって電力を供給できる．図 2.25 においてダイオードは理想的であるとすると，e が正の半周期の間，D_1，D_4 は順方向にバイアスされ ON となり，D_2，D_3 は逆方向にバイアスされ OFF となる．e が負の半周期になると，これらが逆になり，D_1，D_4 は OFF となり，D_2，D_3 は ON となり，抵抗にかかる電圧の極性は正の半周期のときと同じとなる．

2.5 さまざまなダイオード回路   **55**

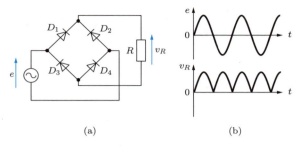

図 **2.24** 全波整流回路

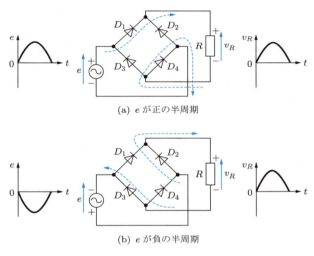

(a) e が正の半周期

(b) e が負の半周期

図 **2.25**

(3) 平滑回路

上述の整流回路の電圧変動は大きく，電池のような一定出力の電源として使えない．平滑回路は整流回路の電圧変動を抑制することができる．

図 2.26 は半波整流回路，図 2.27 は全波整流回路に，大きな容量のコンデンサを抵抗に並列接続して電圧を平滑化している．e がピークに達するまでコンデンサは充電され，ピークを超えると蓄積電荷が電源に戻れないため，R を通して緩慢な放電が始まる．この放電はコンデンサの容量が大きいほど緩やかで，電位が大きく下がってしまう前に e の次のピークがやって来ることで，全体の電圧変動が小さくなる．

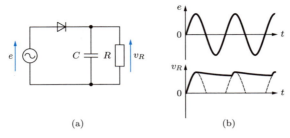

図 2.26 半波整流回路の平滑化

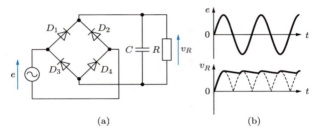

図 2.27 全波整流回路の平滑化

（4） 定電圧回路

平滑回路により交流をほぼ平坦な直流にすることが可能であるが，理想的な定電圧を得るためにはさらなる工夫が必要である．ツェナーダイオードには通常のダイオードとは逆のバイアスをかけることで端子間電位差が一定値 V_Z となる性質があり，これを用いることで一定の電圧を出力する定電圧回路を実現できる．図 2.28 にツェナーダイオードを用いた定電圧回路を示す．この回路において，不安定な出力 V（ただし，$V > V_Z$）をもつ電源を a-b 間に接続すると，ツェナーダイオードの両端電位差は一定値 V_Z となり，負荷 R にかかる電圧は理想的に一定となる．

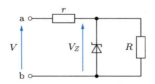

図 2.28 ツェナーダイオードによる定電圧回路

(5) クリップ回路

クリップ回路は電圧をある値で制限するための回路である．図 2.29(a) にクリップ回路の例を示す．ダイオードは理想的とする．

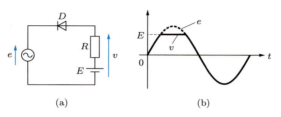

図 2.29 クリップ回路

e の出力電圧が E より小さいとき，ダイオードは順方向のバイアスがかかり ON となり，短絡除去と同じと考えて $v=e$ となる．一方，e の出力電圧が E より大きいとき，逆方向バイアスとなることから OFF となり，開放除去と同じと考えて $v=E$ となる（R に電流がながれないため，R での電圧降下は 0）．したがって，e が E より大きな振幅の交流電圧源の場合，図 2.29(b) のように v は正弦波の上端が E で制限された波形となる．

補　足　B

B.1　ダイオード直流交流混在回路の数学

（1）　直流と交流の分離

直流と交流の混在回路を解析する際は，回路を直流成分と交流成分に分離して考える．2.4.2 項では分離の手順について説明したが，その根拠や，直流電源の短絡除去の理由については説明していない．ここでは図 2.18(a) の回路を例に，これらの根拠について考える．

まず，直流等価回路の導出は交流電圧源を $e = 0$，すなわち e を短絡除去することで容易に得られる．回路は図 2.18(b) となり，この回路では次式が成り立つ．

$$E = V_Q + RI_Q \tag{2.6}$$

次に，e を元に戻して図 2.18(a) としたとき，ダイオードの電圧および電流が v および i だけ増加（変動）したとすると，次式が成り立つ．

$$E + e = V_Q + v + R(I_Q + i) \tag{2.7}$$

ここで，式 (2.6) と式 (2.7) の差を計算すると，次の変動成分だけの式が得られる．

$$e = v + Ri \tag{2.8}$$

これを満たす回路を式から逆に考えると，それは図 2.18(c) となり，元の回路から直流電圧源 E を短絡除去した回路が導かれる．

以上からわかるように，直流交流混在回路から交流等価回路を導出する過程は，時間変動のない成分（直流成分）の回路を考え，これを混在回路から差し引くことで変動成分（交流成分）のみの回路を抽出することに相当する．したがって，この過程では蓄積電荷の変動が緩やかなコンデンサなども必然的に差し引かれるため，手順 2 では十分大きなコンデンサなども短絡除去することになる．

交流等価回路は以上のような過程で導出されるため，実際の回路とは異なる扱いが必要である．たとえば，図 2.18(c) のダイオードは通常のダイオード特性ではなく，動作点を原点にもつ特殊な特性曲線の素子と考える必要がある．そのような素子は実在しないため，交流等価回路は実在しない回路，解析上の架空の回路と考えるべきである．

（2）　ダイオードの線形近似

ダイオードが抵抗とみなせる理由は以下のとおりである．いま，ダイオード特性を

$$I = f(V) \tag{2.9}$$

のように関数表現する. 動作点 Q での f の傾きを $1/r$ としたとき,

$$\frac{1}{r} = \left. \frac{df}{dV} \right|_{V=V_Q} \tag{2.10}$$

であり, 動作点付近での関数 f 上の点 (v, i) は以下の関係を満たす.

$$i = \frac{1}{r}v \tag{2.11}$$

すなわち, オームの法則 $v = ri$ が成り立ち, これより小信号等価回路においてダイオードは抵抗 r とみなせる. 補足 A.1 節 (3) も参照せよ.

章末問題

2.1 ダイオードの特性曲線を図 2.30 として，次の問いに答えよ．
(1) 図 2.9(a) の回路において，$E = 0.8\,\mathrm{V}$，$R = 5\,\Omega$ のとき，ダイオードの電圧 V と電流 I を求めよ．
(2) 図 2.9(b) の回路において，ダイオードの電圧と電流を (1) と同じとしたい．$R_1 = 20\,\Omega$，$R_2 = 35\,\Omega$ としたとき，E を求めよ．

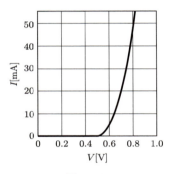

図 2.30

2.2 図 2.31 の回路において，各ダイオードの電圧と電流を求めよ．ただし，ダイオードの特性は折線近似して考え，$V_F = 0.6\,\mathrm{V}$，$E = 5\,\mathrm{V}$，$R_1 = R_2 = 100\,\Omega$ とせよ．

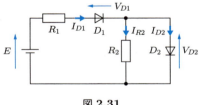

図 2.31

2.3 図 2.9(b) の回路において，E を 0 から 5 V まで変化させたとき，ダイオードの電圧 V および電流 I の変化をグラフに描いて説明せよ．ただし，ダイオードの特性は折線近似して考え，$V_F = 0.6\,\mathrm{V}$，$R_1 = 200\,\Omega$，$R_2 = 100\,\Omega$ とせよ．

2.4 図 2.31 の回路において E を 0 から 5 V まで変化させたとき，ダイオード D_1 および D_2 の電圧 V_{D1}，V_{D2} および電流 I_{D1}，I_{D2} の変化をグラフに描いて説明せよ．ただし，ダイオードの特性は折線近似して考え，$V_F = 0.6\,\mathrm{V}$，$R_1 = R_2 = 100\,\Omega$ とせよ．

2.5 図 2.16 (a) の回路について次の問いに答えよ．ただし，$R = 5\,\Omega$，ダイオードの特性は図 2.30 とせよ．

(1) 以下の場合についてダイオードの電流の時間変化をグラフに描け．
　　(a)　$E = 0.8\,\text{V}$，$e = 0.1\,\text{V}$（振幅）　　(b)　$E = 0.5\,\text{V}$，$e = 0.3\,\text{V}$（振幅）

(2) (1)(a) のグラフから，ダイオードの電流の変動量（最大値と最小値の差）ΔI_{pp} を求めよ．

2.6 図 2.16 (a) の回路において，次の場合のダイオードの電流 I の時間変化をグラフに描け．ただし，ダイオードの特性は折線近似して考え，$e = 0.6\,\text{V}$，$R = 1\,\text{k}\Omega$，$V_F = 0.6\,\text{V}$ とせよ．

(1) $E = 1.4\,\text{V}$　　　　　　　　　　(2) $E = 0.9\,\text{V}$

2.7 章末問題 **2.5**(2) で求めた電流の変動量 ΔI_{pp} を小信号等価回路を用いて求めよ．

2.8 図 2.32 の回路において，$E = 5\,\text{V}$，$R_1 = 100\,\Omega$，$R_2 = 400\,\Omega$，e が振幅 $50\,\text{mV}$ の正弦波交流のとき，次の問いに答えよ．ただし，C は十分大きいものとし，ダイオードの特性曲線は図 2.10 を用いよ．

(1) 直流等価回路を描き，動作点 Q を求めよ．
(2) 交流等価回路，小信号等価回路を描け．
(3) ダイオードの電圧および電流の時間変化をグラフに描け．

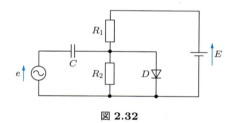

図 2.32

2.9 図 2.33 において，e の振幅が E より大きい交流正弦波のとき v の波形を描け．ただし，ダイオードは理想的とせよ．

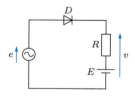

図 2.33

3 トランジスタ回路

3.1 トランジスタ

トランジスタ (transistor) は p 型半導体と n 型半導体を 3 つ組み合わせて作られる半導体素子で，電子回路の中でもっとも重要な役割を担っている．本節ではトランジスタの種類，構造，役割について説明する．

トランジスタはその構造からバイポーラトランジスタ (bipolar-transistor) と電界効果トランジスタ (FET) に分けられる．それぞれのトランジスタはさらに図 3.1 のように分類できる．本書ではバイポーラトランジスタの構造，増幅の原理，およびその特性について詳しく説明する．

$$
\text{トランジスタ}
\begin{cases}
\text{バイポーラトランジスタ}
\begin{cases}
\text{npn 形} \\
\text{pnp 形}
\end{cases} \\[2em]
\text{FET}
\begin{cases}
\text{接合形 FET}
\begin{cases}
\text{n チャネル形} \\
\text{p チャネル形}
\end{cases} \\[2em]
\text{MOS FET}
\begin{cases}
\text{エンハンスメント形}
\begin{cases}
\text{n チャネル形} \\
\text{p チャネル形}
\end{cases} \\[1.5em]
\text{デプレション形}
\begin{cases}
\text{n チャネル形} \\
\text{p チャネル形}
\end{cases}
\end{cases}
\end{cases}
\end{cases}
$$

図 3.1

3.1.1 バイポーラトランジスタ

バイポーラトランジスタは，p 形または n 形半導体のいずれか一方を他方で挟み込む構造で，図 3.2 に示すように，n 形で挟むほうを npn トランジスタ，p 形で挟むほうを pnp トランジスタという．それぞれの半導体にはエミッタ (Emitter)，ベース (Base)，コレクタ (Collector) とよばれる端子が付され，それぞれ E，B，C と略される．図 3.3 に npn および pnp トランジスタの回路記号を示す．ベース・エミッタ間はダイオードと同じ pn 接合で，ダイオードの回路記号が p から n に向かって流れる電

3.1 トランジスタ **63**

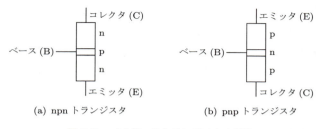

図 **3.2** バイポーラトランジスタの構造

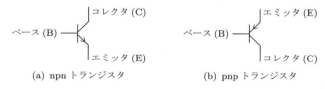

図 **3.3** バイポーラトランジスタの回路記号

流を表すのと同様，トランジスタの回路記号上でもベース・エミッタ間に p から n に向かって矢印が付されている．npn トランジスタと pnp トランジスタは極性が逆である以外同じ構造であるので，これ以降では npn トランジスタについて説明する．

3.1.2 トランジスタの増幅原理

図 3.4 のように npn トランジスタのベース・エミッタ間に順方向バイアス（p 側電位が n 側より高い），ベース・コレクタ間に逆方向バイアス（n 側電位が p 側より高い）の直流電源を接続すると，ベースからエミッタに向かって<u>ベース電流</u> I_B が流れ，これに比例して大きな<u>コレクタ電流</u> I_C がコレクタからエミッタに向かって流れる（<u>エミッタ電流</u> I_E）．これを<u>電流増幅作用</u>という．

電流増幅作用は次のように説明される．ベース・エミッタ間はダイオードと同じく pn 接合で，これに順方向バイアスをかけると，ダイオードと同じようにある電圧以上

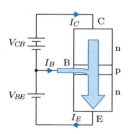

図 **3.4** トランジスタの電流増幅作用

で急激に電流がベース（p側）からエミッタ（n側）に流れ始める（ベース電流）．一方，ベース・コレクタ間は逆方向バイアスであるため本来電流は流れない．しかし，ベースであるp形領域が狭く作られており，ベース電流が流れ始めると，エミッタ側の自由電子がベース端子に取り込まれる前に拡散によってほとんどがコレクタ側に侵入し，これらがベース・コレクタ間の印加電圧によりコレクタ端子に到達する．これが大きなコレクタ電流となる．

エミッタからコレクタに侵入する自由電子の割合を $\alpha\ (< 1)$ とすると，

$$I_C = \alpha I_E \tag{3.1}$$

と表される．キルヒホッフの電流則より，

$$I_E = I_C + I_B \tag{3.2}$$

であるので，以上より，

$$I_C = \frac{\alpha}{1 - \alpha} I_B = \beta I_B \tag{3.3}$$

が得られる．α は 0.98〜0.999 と極めて 1 に近いため，β は 50〜1000 と非常に大きな値となる．これはベース電流が大きく増幅されてコレクタ電流になることを意味する．β を電流増幅率という．

また，電流増幅作用により，$I_B \ll I_C$ のとき，次式が成り立つといってよい．

$$I_E \fallingdotseq I_C \tag{3.4}$$

3.1.3 トランジスタの静特性

図 3.5(a) に示す回路において，トランジスタの各端子間電圧および電流を測定すると，図 (b) から図 (d) が得られる．これらをトランジスタの静特性という．図 (b) はベース・エミッタ間の静特性といい，先の説明のとおりベース・エミッタ間はダイオードと同じ構造であるので，V_{BE} と I_B の関係はダイオードと同じ特性曲線となる．ベース・エミッタ間の特性曲線は厳密には V_{CE} の影響を受け，V_{CE} が変化すると変化するが，その影響は極めて小さいため，無視することが多い．

図 3.5(c) はコレクタ・エミッタ間の静特性といい，I_B の値によって特性曲線が大きく異なる．V_{BE} を開放して $I_B = 0$ としたとき，I_C は V_{CE} を大きくしてもほとんど流れない†．この領域を遮断領域という．一方，$I_B > 0$ のとき，V_{CE} がある値までは I_C は急峻に上昇するが，その後は緩やかな一定の傾きに変わる．I_C が急峻に上昇す

---

† $I_B = 0$ でもわずかに流れる電流をコレクタ遮断電流という．

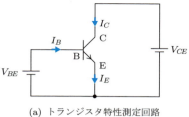

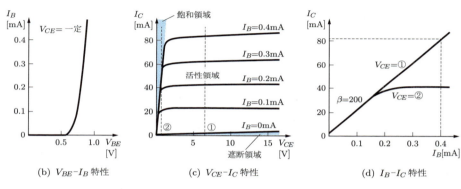

(a) トランジスタ特性測定回路

(b) V_{BE}-I_B特性　　(c) V_{CE}-I_C特性　　(d) I_B-I_C特性

図 **3.5**　トランジスタの静特性

る領域を**飽和領域**といい，その後の領域を**活性領域**という．活性領域では特性曲線が一定間隔で並んでおり，I_B が大きいほど I_C が大きくなる．トランジスタが遮断領域 ($I_C = 0$) にあるとき**トランジスタはOFF**といい，その他の領域 ($I_C > 0$) にあるとき**トランジスタはON**という．

いま，図 3.5(c) において V_{CE} を活性領域内にある①の電圧で一定に保ち，①の垂直線と特性曲線の交点から (I_B, I_C) を読み取りグラフを描くと，図 (d) のように①の特性曲線が得られる．この図より，I_B と I_C はほぼ比例することがわかる．これは，図 (c) において特性曲線がほぼ一定間隔に並んでいることに起因する．また，図 (d) の傾きは I_C/I_B であることから電流増幅率 β に相当し，図の場合はおよそ 200 と非常に大きいことがわかる．

一方，V_{CE} を飽和領域付近の②の電圧に保って同様にグラフを描くと，I_B が小さい間は I_B に比例して I_C は増加するが，徐々に増加がゆるやかとなり，最後には I_B に頼らず一定となる．このように，②付近に V_{CE} を設定すると，I_B をいくら増やしても I_C は増えない飽和現象が現れるため，この領域を飽和領域という．

トランジスタを**増幅素子**として用いる場合は，活性領域を利用する．一方，トランジスタを**スイッチング素子**（半導体スイッチ）として用いる場合は，遮断領域と飽和

領域を利用する．すなわち，トランジスタの状態を遮断領域にすると I_C がほぼ 0 となってコレクタ・エミッタ間は開放状態 (OFF) と等しくなり，飽和領域にすると V_{CE} がほぼ 0 となってコレクタ・エミッタ間は短絡状態 (ON) と等しくなる．デジタル回路では，これらの領域をうまく切り替えることでトランジスタをスイッチとして使う．

例題 3.1 図 3.6(a) の回路において，以下の場合の I_B，I_C を求めよ．ただし，トランジスタの静特性は図 (b) および図 (c) のとおりとせよ．

(1) $E_1 = 0.7\,\mathrm{V}$, $E_2 = 5\,\mathrm{V}$ (2) $E_1 = 0.76\,\mathrm{V}$, $E_2 = 15\,\mathrm{V}$

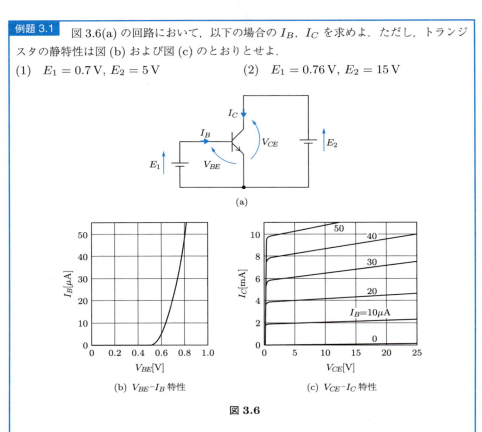

図 3.6

解答 (1) 回路図より $V_{BE} = E_1$，$V_{CE} = E_2$ である．図 3.7(a) のベース・エミッタ間特性より，$V_{BE} = 0.7\,\mathrm{V}$ のとき $I_B = 20\,\mu\mathrm{A}$ である．よって，図 (b) のコレクタ・エミッタ間特性より，$V_{CE} = 5\,\mathrm{V}$，$I_B = 20\,\mu\mathrm{A}$ のとき $I_C = 4\,\mathrm{mA}$ である．

答え $I_B = 20\,\mu\mathrm{A}$, $I_C = 4\,\mathrm{mA}$

(2) 図 3.7(a) のベース・エミッタ間特性より，$V_{BE} = 0.76\,\mathrm{V}$ のとき $I_B = 35\,\mu\mathrm{A}$ である．図 (b) のコレクタ・エミッタ間特性には $I_B = 35\,\mu\mathrm{A}$ の特性曲線がないので，$I_B = 30\,\mu\mathrm{A}$ および $40\,\mu\mathrm{A}$ の間の中央に $I_B = 35\,\mu\mathrm{A}$ の特性曲線を引き，これと $V_{CE} = 15\,\mathrm{V}$ より $I_C = 8\,\mathrm{mA}$ と求められる．

答え $I_B = 35\,\mu\mathrm{A}$, $I_C = 8\,\mathrm{mA}$

3.1 トランジスタ **67**

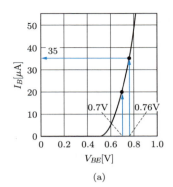
(a)

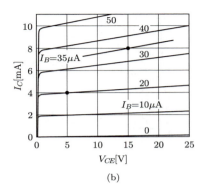
(b)

図 **3.7**

例題 3.2 コレクタ・エミッタ間特性が図 3.8 のトランジスタにおいて，次の問いに答えよ．

(1) 次の V_{CE} のときの I_B-I_C 特性曲線を描け．
   (a) $V_{CE} = 10\,\text{V}$ (b) $V_{CE} = 0.5\,\text{V}$

(2) $V_{CE} = 10\,\text{V}$，$I_B = 80\,\mu\text{A}$ のときの電流増幅率 β のおよその値を求めよ．

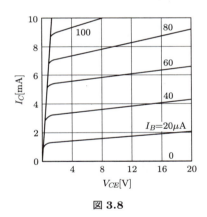

図 **3.8**

解答 (1) V_{CE} = 一定の垂直線上で各 I_B に対する特性曲線との交点を求め，これらの I_C をプロットすることで，図 3.9 のような I_B-I_C 特性曲線がそれぞれ得られる．

答え　図 3.9

(2) $V_{CE} = 10\,\text{V}$，$I_B = 80\,\mu\text{A}$ のとき，$I_C = 8\,\text{mA}$ より $\beta = 8000/80 = 100$ である．

答え　$\beta = 100$

注意 (1) において (a) のとき，トランジスタは活性領域にあり，I_B と I_C はほぼ比例関係にある．一方，(b) のとき，トランジスタは飽和領域にあり，I_B が $50\,\mu\text{A}$ 辺りより増加しても I_C はほぼ一定となる．

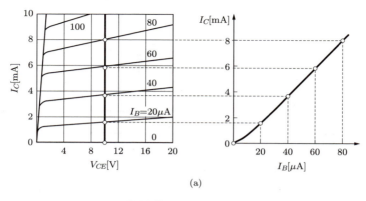

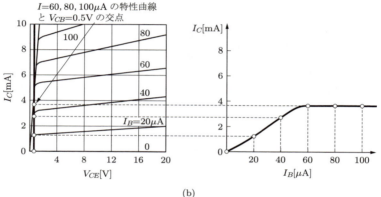

図 3.9

3.2 トランジスタの直流回路

本節では，抵抗とトランジスタの直流回路の基本的な回路解析法について説明する．

3.2.1 基本解析法

本項では静特性を用いた基本解析法について説明する．例として図 3.10(a) の回路について考える．

基本解析法は以下の手順で解析を進める．

手順 1　バイアス点の計算　解析にあたって，最初に回路全体について電位図を描く．この回路の場合，図 3.10(b) のように導面を定義すると，電位図は図 (c) のようになる．この時点では抵抗 R_B および R_C での電圧降下がどの程度であるかわからないため，導面 B および C は適当な位置におく．

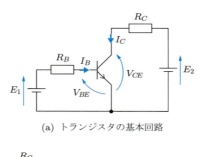

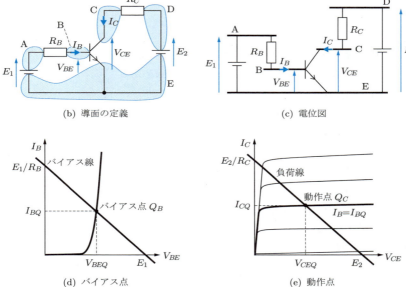

図 3.10 トランジスタ回路の基本解析法

次に，ベース・エミッタ間の電位差 V_{BE} とベース電流 I_B の関係を導く．電位図 3.10 より V_{BE} と I_B の間には以下の関係式が成り立つ．

$$E_1 = R_B I_B + V_{BE} \tag{3.5}$$

この式を I_B について解くと，次式となる．

$$I_B = \frac{E_1 - V_{BE}}{R_B} \tag{3.6}$$

これは横軸を V_{BE}，縦軸を I_B とした座標系で右下がりの直線となる．これを本書では**バイアス線**とよぶことにする†．次に，図 (d) のようにしてこの直

---

† この直線をよぶ一般的な用語がないため，本書ではこの名称でよぶこととする．

線とベース・エミッタ間の特性曲線との交点 $Q_B(V_{BEQ}, I_{BQ})$ を求める．この交点を**バイアス点**という．

手順 2 動作点の計算 次に，電位図からコレクタ・エミッタ間の電位差 V_{CE} とベース電流 I_C の関係を導く．電位図より V_{CE} と I_C の間には以下の関係式が成り立つ．

$$E_2 = R_C I_C + V_{CE} \tag{3.7}$$

この式を I_C について解くと，次式となる．

$$I_C = \frac{E_2 - V_{CE}}{R_C} \tag{3.8}$$

これを**負荷線**という．最後に，図 3.10(e) のようにして，コレクタ・エミッタ間の特性曲線の中で $I_B = I_{BQ}$ の曲線を選び，これと負荷線との交点 $Q_C(V_{CEQ}, I_{CQ})$ を求める．この交点を**動作点**という．

以上より，ベース・エミッタ間の電位差は $V_{BE} = V_{BEQ}$，ベース電流は $I_B = I_{BQ}$，コレクタ・エミッタ間の電位差は $V_{CE} = V_{CEQ}$，コレクタ電流は $I_C = I_{CQ}$ と求められる．

例題 3.3 図 3.11 の回路において E_1 および E_2 が以下の場合について，I_B, I_C, V_{CE} を求めよ．ただし，$R_B = 100\,\mathrm{k\Omega}$, $R_C = 2.5\,\mathrm{k\Omega}$, トランジスタの静特性は図 3.6(b) および (c) のとおりとせよ．

(1) $E_1 = 2.7\,\mathrm{V}$, $E_2 = 15\,\mathrm{V}$　　(2) $E_1 = 2.2\,\mathrm{V}$, $E_2 = 15\,\mathrm{V}$
(3) $E_1 = 0.5\,\mathrm{V}$, $E_2 = 15\,\mathrm{V}$　　(4) $E_1 = 4.7\,\mathrm{V}$, $E_2 = 15\,\mathrm{V}$
(5) $E_1 = 2.7\,\mathrm{V}$, $E_2 = 5\,\mathrm{V}$

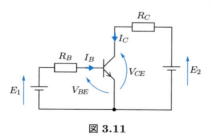

図 3.11

解答 (1) 導面および電位図は図 3.10 と同じである．バイアス線は

$$I_B = \frac{E_1 - V_{BE}}{R_B} = \frac{2.7 - V_{BE}}{100\mathrm{k}}$$

3.2 トランジスタの直流回路   **71**

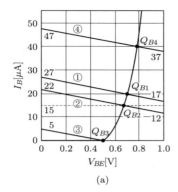
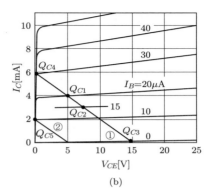

(a)　　　　　　　　　　　(b)

図 3.12

であり[†]，$V_{BE} = 0\,\mathrm{V}$ のとき $I_B = 27\,\mu\mathrm{A}$，$V_{BE} = 1\,\mathrm{V}$ のとき $I_B = 17\,\mu\mathrm{A}$ より，図 3.12(a) の①となる．この直線と特性曲線との交点より，バイアス点 Q_{B1} は $I_B = 20\,\mu\mathrm{A}$ と読み取れる．

負荷線は
$$I_C = \frac{E_2 - V_{CE}}{R_C} = \frac{15 - V_{CE}}{2.5\mathrm{k}}$$
であり，横軸切片（$I_C = 0$ のとき）は $15\,\mathrm{V}$，縦軸切片（$V_{CE} = 0$ のとき）は $6\,\mathrm{mA}$ より図 3.12(b) の①となる．この直線と $I_B = 20\,\mu\mathrm{A}$ の特性曲線との交点より，動作点 Q_{C1} は $V_{CE} = 5\,\mathrm{V}$，$I_C = 4\,\mathrm{mA}$ と読み取れる．

　　　　　　　　　　答え　$I_B = 20\,\mu\mathrm{A}$，$I_C = 4\,\mathrm{mA}$，$V_{CE} = 5\,\mathrm{V}$

(2) バイアス線は $I_B = (2.2 - V_{BE})/100\mathrm{k}$ であり，$V_{BE} = 0\,\mathrm{V}$ のとき $I_B = 22\,\mu\mathrm{A}$，$V_{BE} = 1\,\mathrm{V}$ のとき $I_B = 12\,\mu\mathrm{A}$ より図 3.12(a) の②となる．この直線と特性曲線との交点より，バイアス点 Q_{B2} は $I_B = 15\,\mu\mathrm{A}$ と読み取れる．

負荷線は (1) と等しく図 3.12(b) の①であるが，$I_B = 15\,\mu\mathrm{A}$ の特性曲線がない．特性曲線はおよそ等間隔に並ぶことから，**必要な特性曲線がない場合は周囲の特性曲線を参考にしておよその位置に引けばよい**．$I_B = 15\,\mu\mathrm{A}$ は $I_B = 10\,\mu\mathrm{A}$ と $20\,\mu\mathrm{A}$ の中間であるので，その位置に $I_B = 15\,\mu\mathrm{A}$ の特性曲線を引き，この直線と負荷線の交点より，動作点 Q_{C2} は $V_{CE} = 7.5\,\mathrm{V}$，$I_C = 3\,\mathrm{mA}$ と読み取れる．

　　　　　　　　　　答え　$I_B = 15\,\mu\mathrm{A}$，$I_C = 3\,\mathrm{mA}$，$V_{CE} = 7.5\,\mathrm{V}$

(3) バイアス線は $I_B = (0.5 - V_{BE})/100\mathrm{k}$ であり，横軸切片は $V_{BE} = 0.5\,\mathrm{V}$，縦軸切片は $I_B = 5\,\mu\mathrm{A}$ より図 3.12(a) の③となる．この直線と特性曲線との交点より，バイアス点 Q_{B3} は $I_B = 0$ と読み取れる．

負荷線は (1) と等しく図 3.12(b) の①であるが，これと $I_B = 0$ の特性曲線との交点は

[†] 本書では SI 接頭辞を利用して，$\times 10^3$ を k，$\times 10^{-6}$ を μ と略記する．

横軸付近の**遮断領域**にある．したがって，この特性曲線を $I_C \fallingdotseq 0$ とみなし[†1]，これと負荷線との交点である動作点 Q_{C3} は $V_{CE} \fallingdotseq 15\,\mathrm{V}$ となる．

答え　$I_B = 0\,\mathrm{A},\ I_C \fallingdotseq 0\,\mathrm{A},\ V_{CE} \fallingdotseq 15\,\mathrm{V}$

(4)　バイアス線は $I_B = (4.7 - V_{BE})/100\mathrm{k}$ であり，$V_{BE} = 0\,\mathrm{V}$ のとき $I_B = 47\,\mu\mathrm{A}$，$V_{BE} = 1\,\mathrm{V}$ のとき $I_B = 37\,\mu\mathrm{A}$ より図 3.12(a) の④となる．この直線と特性曲線との交点より，バイアス点 Q_{B4} は $I_B = 40\,\mu\mathrm{A}$ と読み取れる．

負荷線は (1) と等しく図 3.12(b) の①であるが，これと $I_B = 40\,\mu\mathrm{A}$ の特性曲線との交点は特性曲線が原点から急峻に立ち上がっている**飽和領域**にある．したがって，$V_{CE} \fallingdotseq 0$[†2] とし，縦軸 ($V_{CE} = 0$) と負荷線との交点を求めると，動作点 Q_{C4} は $I_C \fallingdotseq 6\,\mathrm{mA}$ となる．

答え　$I_B = 40\,\mu\mathrm{A},\ I_C \fallingdotseq 6\,\mathrm{mA},\ V_{CE} \fallingdotseq 0\,\mathrm{V}$

(5)　バイアス線は (1) と同じく図 3.12(a) の①であるので，バイアス点は Q_{B1} で $I_B = 20\,\mu\mathrm{A}$ である．

負荷線は $I_C = (5 - V_{CE})/2.5\mathrm{k}$ であり，横軸切片（$I_C = 0$ のとき）は $5\,\mathrm{V}$，縦軸切片（$V_{CE} = 0$ のとき）は $2\,\mathrm{mA}$ より図 3.12(b) の②となる．この直線と $I_B = 20\,\mu\mathrm{A}$ の特性曲線との交点は (4) と同様に飽和領域にあるため，特性曲線を $V_{CE} \fallingdotseq 0$ とみなし，これと負荷線の交点を求めると，動作点 Q_{C5} は $I_C \fallingdotseq 2\,\mathrm{mA}$ となる．

答え　$I_B = 20\,\mu\mathrm{A},\ I_C \fallingdotseq 2\,\mathrm{mA},\ V_{CE} \fallingdotseq 0\,\mathrm{V}$

注意　(4) のように**ベース電流を大きくし過ぎると，ベース電流とコレクタ電流の比例関係が崩れ，動作点が飽和領域に入る**（図 3.5(d) の②）．(5) はベース電流を大きくしたわけではないが，コレクタ電流を流す電源 E_2 が小さくなったため，相対的にベース電流が大きくなり過ぎ，結果的に動作点が飽和領域に入ってしまったと考えられる．

> **例題 3.4**　図 3.13 の回路において $I_B,\ I_C,\ V_{CE}$ を求めよ．ただし，$R_1 = 556\,\mathrm{k\Omega},\ R_2 = 122\,\mathrm{k\Omega},\ R_C = 2.5\,\mathrm{k\Omega},\ E = 15\,\mathrm{V}$ とし，トランジスタの特性は図 3.6(b) および (c) のとおりとせよ．
>
>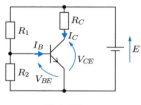
>
> 図 3.13

[†1]　実際は，0 ではなく小さなコレクタ遮断電流が流れる．

[†2]　実際は，0 ではなく小さな電位差が残る．これを**コレクタ・エミッタ間飽和電圧**といい，$V_{CE(sat)}$ などと書く．

解答 導面を図 3.14(a) のように定義すると，電位図は図 (b) となる．この回路に対して図 (c) のようにコレクタ側にある E と同じ電圧源をベース側にコピーし，導面 D を中央で分割した図 (d) の回路を考えると，この回路の各抵抗にかかる電圧は図 (b) と変わらない．図 (d) の破線で囲まれた端子 a-b 間の回路にテブナンの定理を適用すると図 (e) となり，R_B および E' は以下となる[†]．

$$R_B = R_1 // R_2 = \frac{R_1 R_2}{R_1 + R_2} = 100\,\text{k}\Omega$$

$$E' = \frac{R_2}{R_1 + R_2} E = 2.7\,\text{V}$$

この回路は例題 3.3(1) と同じである．

答え $I_B = 20\,\mu\text{A}$, $I_C = 4\,\text{mA}$, $V_{CE} = 5\,\text{V}$

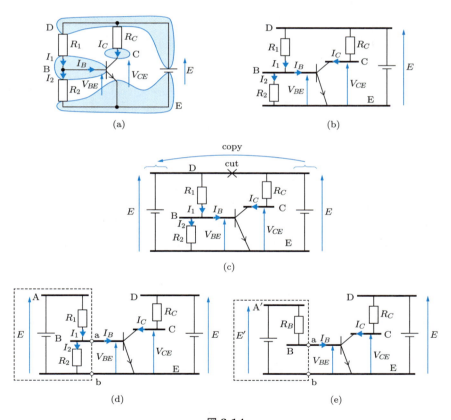

図 **3.14**

[†] 例題 1.6 参照．

別解 テブナンの定理を用いずにバイアス線を求めることもできる．図 3.14(b) の電位図より，

① R_2 の電流は $I_2 = V_{BE}/R_2$
② R_1 の電流は $I_1 = I_2 + I_B = V_{BE}/R_2 + I_B$
③ 導面 DE 間の電位差は $E = R_1 I_1 + V_{BE} = R_1(V_{BE}/R_2 + I_B) + V_{BE}$

と求められ，これを I_B について解くことでバイアス線が得られる．

3.2.2 近似解析法

トランジスタ回路を解析する際，前項の方法では特性曲線と負荷線の交点から動作点を求めるために作図を要した．本項では作図なしに解析を行う近似解析法を説明する．

近似解析法は以下の手順で解析を進める．

手順 1　ベース・エミッタ間特性の折線近似　ベース・エミッタ間はダイオードと同じ pn 接合であるので，この特性曲線を図 3.15 に示すようにダイオードと同じく折線近似し，

- $V_{BE} = V_F$，$I_B > 0$ の垂直線分上にバイアス点があるとき
  トランジスタは ON
- $V_{BE} \leq V_F$，$I_B = 0$ の水平線分上にバイアス点があるとき
  トランジスタは OFF

と定義する．

そして，ダイオードの近似解析法と同様に，以下の 2 つの矛盾を手掛かりにトランジスタの ON/OFF を判定する[†1]．

- **ON** ($V_{BE} = V_F$) と仮定して I_B を求め，$I_B \leq 0$ なら矛盾
- **OFF** ($I_B = 0$) と仮定して V_{BE} を求め，$V_{BE} > V_F$ なら矛盾[†2]

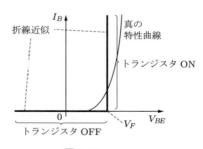

図 **3.15**

[†1] 2.3.2 項参照．
[†2] トランジスタが OFF のときは $I_B = 0$ となり，動作点は遮断領域 ($I_C = 0$) に入るため，トランジスタを回路から開放除去して考えてもよい．

以上より，ON と判断したときは手順 2 へ進む．一方，OFF と判断したときは $I_B = I_C = 0$ として V_{CE} を計算する．

手順 2　活性領域ではベース電流とコレクタ電流は比例　トランジスタが ON であると判定した場合は，動作点が活性領域にあると仮定し，I_B と I_C が次式を満たすと考える（図 3.5(d) の I_B-I_C 特性を，原点を通る直線で近似）．

$$I_C = h_{FE} I_B \tag{3.9}$$

ここで，h_{FE} を直流電流増幅率という[†]．さらに，$h_{FE} \gg 1$ より

$$I_E = I_C + I_B = \left(1 + \frac{1}{h_{FE}}\right) I_C \fallingdotseq I_C \tag{3.10}$$

と近似し，以上より V_{CE} を求める．

図 3.5(c) の特性曲線の存在範囲からわかるとおり，トランジスタが活性領域にあるなら，動作点の V_{CE} は次式を満たす．

$$V_{CE} > 0 \tag{3.11}$$

もし，動作点が $V_{CE} < 0$ となった場合はトランジスタが活性領域にないと考え，$I_C \neq h_{FE} I_B$ とする．

手順 3　飽和領域ではコレクタ・エミッタ間電圧は 0　手順 2 で $V_{CE} < 0$ となった場合，トランジスタは遮断領域にあると考え，$I_C \neq h_{FE} I_B$ とし，

$$V_{CE} = 0 \tag{3.12}$$

として再計算する．

例題 3.5　例題 3.3 について近似解析法を用いて解け．ただし，ベース・エミッタ間の順方向降下電圧 V_F は 0.6 V，電流増幅率 $h_{FE} = 190$ とせよ．また，例題 3.3 で求めた I_C，V_{CE} の値と比較せよ．

解答（1）　トランジスタが ON でかつ活性領域にあるとすると，図 3.16(a) の電位図より次のように計算できる．

① R_B の電圧降下は $E_1 - V_F = 2.1$ V
② R_B の電流は $I_B = (E_1 - V_F)/R_B = 21\,\mu\text{A}$
③ コレクタ電流は $I_C = h_{FE} I_B = 4\,\text{mA}$
④ R_C の電圧降下は $R_C I_C = 10$ V

[†] h_{FE} は式 (3.3) の β とほぼ等しい．厳密には β は I_B-I_C 特性曲線の動作点における接線の傾き，h_{FE} は動作点における I_B と I_C の比であり，I_B-I_C 特性曲線が原点を通る直線と近似できるので，両者はほぼ等しい．

76 第 3 章 トランジスタ回路

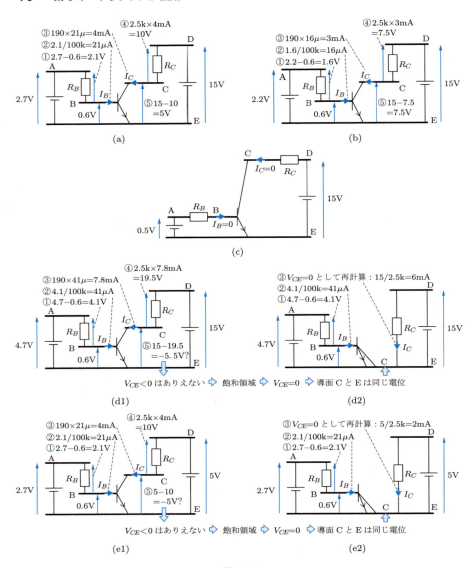

図 3.16

⑤ $V_{CE} = E_2 - R_C I_C = 5\,\text{V}$

　一方，トランジスタが OFF とすると，$I_B = 0$ より R_B の電圧降下も 0 となり，$V_{BE} = E_1 = 2.7\,\text{V} > V_F$ となり矛盾する．

　　　答え　$I_B = 21\,\mu\text{A}$, $I_C = 4\,\text{mA}$, $V_{CE} = 5\,\text{V}$（I_C, V_{CE} は例題 3.3 と等しい）

(2) トランジスタが OFF とすると，(1) のように矛盾する．トランジスタが ON でかつ

活性領域にあるとすると，図 3.16(b) の電位図より次のように計算できる．

① R_B の電圧降下は $E_1 - V_F = 1.6\,\mathrm{V}$
② R_B の電流は $I_B = (E_1 - V_F)/R_B = 16\,\mu\mathrm{A}$
③ コレクタ電流は $I_C = h_{FE}I_B = 3\,\mathrm{mA}$
④ R_C の電圧降下は $R_C I_C = 7.5\,\mathrm{V}$
⑤ $V_{CE} = E_2 - R_C I_C = 7.5\,\mathrm{V}$

答え $I_B = 16\,\mu\mathrm{A}$, $I_C = 3\,\mathrm{mA}$, $V_{CE} = 7.5\,\mathrm{V}$（I_C, V_{CE} は例題 3.3 と等しい）

(3) トランジスタが ON とすると，$I_B > 0$ より導面 A より B のほうが低いはずであるが，B の電位は $V_{BE} = 0.6\,\mathrm{V}$ と等しく，これは A より高いので矛盾する．トランジスタが OFF のとき $I_B = I_C = 0$ であり，図 3.16(c) の電位図のように R_C の電圧降下は 0，導面 C と D が同電位となり $V_{CE} = 15\,\mathrm{V}$ となる．

答え $I_B = 0\,\mathrm{A}$, $I_C = 0\,\mathrm{A}$, $V_{CE} = 15\,\mathrm{V}$（I_C, V_{CE} は例題 3.3 と等しい）

(4) トランジスタが OFF とすると，(1) のように矛盾する．トランジスタが ON でかつ活性領域にあるとすると，電位図 3.16(d1) に示すとおり，

① R_B の電圧降下は $E_1 - V_F = 4.1\,\mathrm{V}$
② R_B の電流は $I_B = (E_1 - V_F)/R_B = 41\,\mu\mathrm{A}$
③ コレクタ電流は $I_C = h_{FE}I_B = 7.8\,\mathrm{mA}$
④ R_C の電圧降下は $R_C I_C = 19.5\,\mathrm{V}$
⑤ $V_{CE} = E_2 - R_C I_C = -5.5\,\mathrm{V}$

と順に求められるが，動作点が活性領域にあること（$V_{CE} > 0$）に矛盾する．そこで，動作点が飽和領域にあると考え $V_{CE} = 0$（手順 3）とすると，電位図 (d2) に示すとおり，導面 C と E が同電位となり（C と E が重なっている），R_C に $15\,\mathrm{V}$ がかかるのでコレクタ電流は $I_C = 15/2.5\mathrm{k} = 6\,\mathrm{mA}$ と求められる．

答え $I_B = 41\,\mu\mathrm{A}$, $I_C = 6\,\mathrm{mA}$, $V_{CE} = 0\,\mathrm{V}$（I_C, V_{CE} は例題 3.3 と等しい）

(5) トランジスタが OFF とすると，(1) のように矛盾する．トランジスタが ON でかつ活性領域にあるとすると，電位図 3.16(e1) に示すとおり，(1) の①〜④までは同じである．ただし，E_2 が (1) と異なるため，

⑤ $V_{CE} = E_2 - R_C I_C = -5\,\mathrm{V}$

となり，動作点が活性領域にあること（$V_{CE} > 0$）に矛盾する．そこで，動作点が飽和領域にあると考え $V_{CE} = 0$（手順 3）とすると，電位図 (e2) に示すとおり，(3) と同じく導面 C と E が同電位となり（C と E が重なっている），R_C に $5\,\mathrm{V}$ がかかるのでコレクタ電流は $I_C = 5/2.5\mathrm{k} = 2\,\mathrm{mA}$ と求められる．

答え $I_B = 21\,\mu\mathrm{A}$, $I_C = 2\,\mathrm{mA}$, $V_{CE} = 0\,\mathrm{V}$（I_C, V_{CE} は例題 3.3 と等しい）

78 第3章 トランジスタ回路

> **例題 3.6** 図 3.17 の回路の I_B, I_C, V_{CE} を近似解析法を用いて求めよ．ただし，ベース・エミッタ間の順方向降下電圧 V_F は 0.6 V，電流増幅率 $h_{FE} = 200$ とし，ほかのパラメータについては以下のとおりとせよ．
> (a) $R_B = 4\,\text{M}\Omega$, $R_C = 10\,\text{k}\Omega$, $E = 15\,\text{V}$
> (b) $R_B = 1\,\text{M}\Omega$, $R_C = 10\,\text{k}\Omega$, $E = 15\,\text{V}$
> (c) $R_1 = 60\,\text{k}\Omega$, $R_2 = 12\,\text{k}\Omega$, $R_C = 14\,\text{k}\Omega$, $R_E = 4.7\,\text{k}\Omega$, $E = 15\,\text{V}$
>
>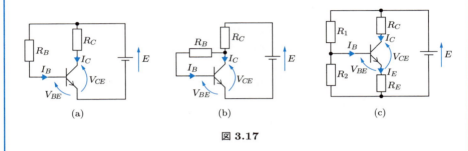
>
> 図 3.17

解答 (a) トランジスタが ON でかつ活性領域にあると仮定すると，$V_{BE} = V_F$ であり，図 3.18(a) の電位図より次のように計算できる．
① R_B の電圧降下は $E - V_F = 14.4\,\text{V}$
② $I_B = (E - V_F)/R_B = 3.6\,\mu\text{A}$
③ $I_C = h_{FE}I_B = 720\,\mu\text{A}$
④ R_C の電圧降下は $R_C I_C = 7.2\,\text{V}$
⑤ $V_{CE} = E - R_C I_C = 7.8\,\text{V}$

一方，トランジスタが OFF とすると，$I_B = 0$ より R_B の電圧降下は 0，導面 B と D が同電位，$V_{BE} = 15\,\text{V} > V_F$ となり矛盾する．

答え $I_B = 3.6\,\mu\text{A}$, $I_C = 720\,\mu\text{A}$, $V_{CE} = 7.8\,\text{V}$

(b) トランジスタが ON でかつ活性領域にあると仮定すると，$V_{BE} = V_F$ であり，図 3.18(b) の電位図より次のように計算できる．
① R_B の電圧降下は $R_B I_B$
② R_C の電圧降下は $R_C(I_C + I_B) \fallingdotseq R_C I_C = R_C h_{FE} I_B$
③ $E = V_F + R_B I_B + R_C I_C$ より $I_B = (E - V_F)/(R_B + R_C h_{FE}) = 4.8\,\mu\text{A}$
④ $I_C = h_{FE}I_B = 960\,\mu\text{A}$
⑤ $V_{CE} = E - R_C I_C = 5.4\,\text{V}$

一方，トランジスタが OFF とすると，$I_B = I_C = 0$ より R_B, R_C の電圧降下は 0，導面 B, C, D が同電位，$V_{BE} = 15\,\text{V} > V_F$ となり矛盾する．

答え $I_B = 4.8\,\mu\text{A}$, $I_C = 960\,\mu\text{A}$, $V_{CE} = 5.4\,\text{V}$

(c) 電位図は図 3.18(c1) となる．図 (c2) のようにベース側に E をコピーして，導面を

3.2 トランジスタの直流回路

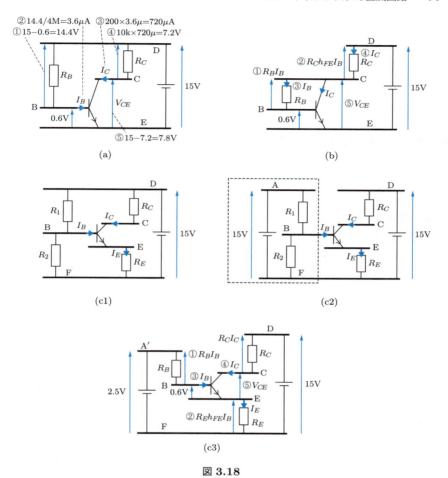

図 3.18

A と D を分割しても各素子両端の電位差は変わらない．そこで，破線の回路にテブナンの定理を適用すると図 (c3) の回路となり，E_1 および R_B は次式のように計算できる．

$$E_1 = \frac{R_2}{R_1 + R_2} E = 2.5\,\text{V}$$

$$R_B = \frac{R_1 R_2}{R_1 + R_2} = 10\,\text{k}\Omega$$

以上の準備のもとで，トランジスタが ON でかつ活性領域にあると仮定すると $V_{BE} = V_F$ であり，図 (c3) の電位図より次のように計算できる．

① R_B の電圧降下は $R_B I_B$
② R_E の電圧降下は $R_E I_E \fallingdotseq R_E I_C = R_E h_{FE} I_B$
③ $E_1 = V_F + R_B I_B + R_E I_E$ より $I_B = (E_1 - V_F)/(R_B + R_E h_{FE}) = 1.9\,\mu\text{A}$

80 第3章 トランジスタ回路

④ $I_C = h_{FE}I_B = 380\,\mu\text{A}$

⑤ $V_{CE} = E - (R_C I_C + R_E I_E) = 7.9\,\text{V}$

一方，トランジスタが OFF とすると，$I_B = I_C = 0$ より R_B，R_C の電圧降下は 0，導面 A′ と B，E と F がそれぞれ同電位，$V_{BE} = 2.5\,\text{V} > V_F$ となり矛盾する.

答え　$I_B = 1.9\,\mu\text{A}$，$I_C = 380\,\mu\text{A}$，$V_{CE} = 7.9\,\text{V}$

3.3 トランジスタの直流交流混在回路

本節では，直流と交流の混在するトランジスタ回路の解析法について説明する.

3.3.1 抵抗とトランジスタの回路

図 3.19(a) のような直流と交流の混在する抵抗とトランジスタの回路は，交流電圧源 e をベース側直流電圧源 E_1 の変動 ΔE_1 ととらえることで直感的に理解できる.

$e = 0$ のとき，図 3.19(b) の実線で示されるバイアス線は

$$I_B = \frac{E_1 - V_{BE}}{R_B} \tag{3.13}$$

であるが，$e\,(= \Delta E_1)$ の印加により

$$I_B = \frac{E_1 + \Delta E_1 - V_{BE}}{R_B} \tag{3.14}$$

となり，破線のように ΔE_1 だけ右に移動する. これにより，特性曲線との交点は $Q_B(V_{BEQ}, I_{BQ})$ から $(V_{BEQ} + v_{be}, I_{BQ} + i_b)$ に移動し，ベース・エミッタ間電圧は②，ベース電流は③のようになる.

このベース電流の変化により，図 3.19(c) に示すように特性曲線と負荷線の交点は $Q_C(V_{CEQ}, I_{CQ})$ から $(V_{CEQ} + v_{ce}, I_{CQ} + i_c)$ に移動し，コレクタ電流は④，コレクタ・エミッタ間電圧は⑤のようになる.

以上をまとめると，図 3.19(d) となる. 図からわかるように e の振動は①から②および③へ，また④および⑤へ伝わりトランジスタの電圧や電流を変動させる. e の振動とコレクタ・エミッタ間電圧の振動は逆相になることに注意する必要がある.

3.3 トランジスタの直流交流混在回路

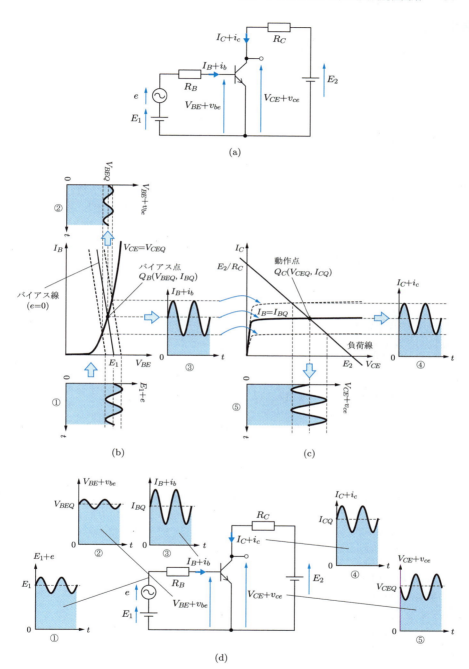

図 **3.19** 直流と交流が混在する抵抗とトランジスタの回路

82 第 3 章 トランジスタ回路

例題 3.7 図 3.19(a) の回路について次の問いに答えよ．ただし，$R_B = 5\,\mathrm{k\Omega}$，$R_C = 2.5\,\mathrm{k\Omega}$，トランジスタの特性は図 3.6(b) および (c) とし，ベース・エミッタ間特性は V_{CE} によらず一定とせよ．
(1) 以下の条件のときのベース・エミッタ間電圧，ベース電流，コレクタ電流，コレクタ・エミッタ間電圧の時間変化をグラフに描け．
　　(a) $E_1 = 0.8\,\mathrm{V}$, $E_2 = 15\,\mathrm{V}$, $e = 0.1\,\mathrm{V}$（振幅）
　　(b) $E_1 = 0.5\,\mathrm{V}$, $E_2 = 10\,\mathrm{V}$, $e = 0.3\,\mathrm{V}$（振幅）
(2) (1)(a) において，コレクタ・エミッタ間電圧の変化 v_{ce} の振幅を求めよ．

解答 (1)(a) $e = 0$ のときバイアス線は $I_B = (E_1 - V_{BE})/R_B$ であり，図 3.20(a) よりバイアス点は $Q_B(0.7\,\mathrm{V}, 20\,\mu\mathrm{A})$．また，負荷線は $I_C = (E_2 - V_{CE})/R_C$ であり，図 (b) より動作点は $Q_C(5\,\mathrm{V}, 4\,\mathrm{mA})$ と求められる．

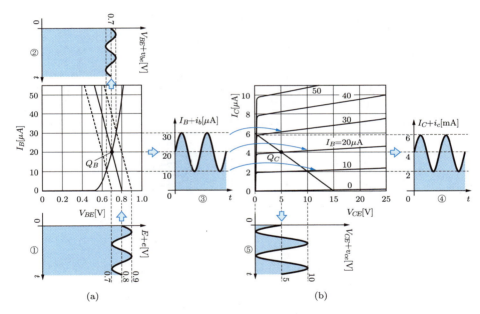

図 3.20

いま，$e = +0.1\,\mathrm{V}$ のとき，バイアス線が図 3.20(a) の破線のように右に移動，ベース電流は $30\,\mu\mathrm{A}$ に増加，コレクタ電流は $6\,\mathrm{mA}$ に増加，コレクタ・エミッタ間電圧はほぼ $0\,\mathrm{V}$ に減少する．$e = -0.1\,\mathrm{V}$ のときはそれぞれ逆に変化する．

　　　答え $V_{BE} + v_{be}$: 図 3.20 ②，$I_B + i_b$: ③，$I_C + i_c$: ④，$V_{CE} + v_{ce}$: ⑤
(b) この場合も前問と同様に考える．$e = 0$ のとき図 3.21(a) よりバイアス点は $Q_B(0.5\,\mathrm{V}, 0\,\mu\mathrm{A})$，動作点は $Q_C(10\,\mathrm{V}, 0\,\mathrm{mA})$ である．
　いま，$e = +0.3\,\mathrm{V}$ のとき，バイアス線が図 3.21(a) の破線のように右に移動，ベース電

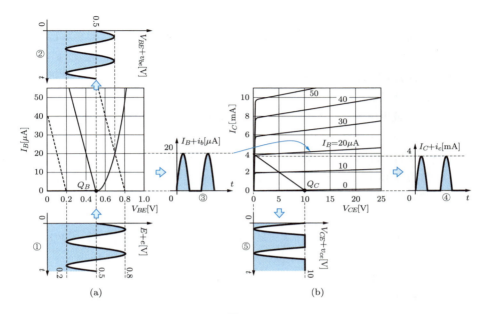

図 3.21

流は $20\,\mu\text{A}$ に増加,コレクタ電流は $4\,\text{mA}$ に増加,コレクタ・エミッタ間電圧はほぼ $0\,\text{V}$ に減少する.一方,$e = -0.3\,\text{V}$ のときバイアス線が左に移動するが,これが移動してもベース電流は $e = 0$ の場合と同じく 0 であるため,コレクタ電流,コレクタ・エミッタ間電圧は動作点と同じ値となる.

答え　$V_{BE} + v_{be}$: 図 3.21 ②,$I_B + i_b$: ③,$I_C + i_c$: ④,$V_{CE} + v_{ce}$: ⑤

(2)　図 3.20(b)⑤のグラフより,コレクタ・エミッタ間電圧の変化 $v_{ce} = 5\,\text{V}$ である.

答え　$v_{ce} = 5\,\text{V}$

注意　(1) において,図 3.20 の V_{CE} の変動成分 v_{ce} は e のような正弦波となっているが,図 3.21 については上半分が切り取られている.この原因は,バイアス点 Q_B の電圧が低過ぎたため,e の下半分の変動成分が i_b に伝わらずに切り取られた(クリップされた)からである.e の波形を正確に v_{ce} に伝えるためには,E や R_B を調整してバイアス点の電圧をある程度かさ上げする必要がある.ただし,上げ過ぎると i_b が上昇し動作点 Q_C の電圧が低くなり過ぎるため(飽和領域),i_b はクリップされないものの v_{ce} は下がクリップされる.

3.3.2　小信号回路

　　直流と**小信号**(十分に小さな振幅の交流[†])が混在する場合,**直流成分と交流成分を**

---

† 1.1.1 項参照.

84 第3章 トランジスタ回路

分離し，トランジスタの特性を線形近似することで，回路を解析的に扱えるようになる．ここでは図 3.22(a) の回路を例に解析に用いる等価回路の導出手順を示し，回路各所の電圧や電流の考え方について説明する．

手順1 直流等価回路 次の操作により元の回路を直流回路にする．この回路を直流等価回路という．

- 交流電圧源を短絡除去 $(e = 0)$，交流電流源を開放除去
- コンデンサを開放除去，コイルを短絡除去[†1]

　次に，直流等価回路とトランジスタの特性曲線によりバイアス点および動作点を求める．図 3.22(a) の回路の場合，$e = 0$ とすることで図 (b) のような直流等価回路が得られるので，この回路からバイアス点 $Q_B(V_{BEQ}, I_{BQ})$，動作点 $Q_C(V_{CEQ}, I_{CQ})$ を求める．この回路の電源電圧 E_1，ベース・エミッタ間電圧 V_{BE}，コレクタ・エミッタ間電圧 V_{CE} は，図の①，②，③のようになる．

手順2 交流等価回路 次の操作により元の回路を交流回路にする．この回路を交流等価回路という．

- 直流電圧源を短絡除去 $(E = 0)$[†2]，直流電流源を開放除去
- 十分大きなコンデンサを短絡除去，十分大きなコイルを開放除去

　図 3.22(a) の回路の場合，$E_1 = E_2 = 0$ とすることで図 (c) のような回路が得られる．ここで，i_b，v_{be}，i_c，v_{ce} は，I_{BQ}，V_{BEQ}，I_{CQ}，V_{CEQ} からの変動成分，すなわち交流成分である．

手順3 小信号等価回路（線形近似） 図 3.22(c) のトランジスタを抵抗と電源の回路に置きかえる．入力信号が微小で動作点付近から大きく外れない場合，トランジスタの特性曲線を動作点付近で線形近似しても問題ない．線形近似を行うと，図 3.23(b) のように**トランジスタは抵抗，電圧源，電流源の回路とみなせる**[†3]．ここで，h_{ie}，h_{re}，h_{fe}，h_{oe} を **h パラメータ**という．実際のトランジスタでは h_{re} および h_{oe} が極めて小さいため，これらをさらに 0 と近似して図 (c) の回路が得られる．この回路には i_b に比例する電流源が含まれるため，**i_b を回路図上で必ず定義する**必要がある．h パラメータの求め方については例題 3.10 で述べる．

---

†1　1.2.4 項および補足 A.3 節参照．
†2　補足 C.1 節 (1) 参照．
†3　トランジスタが抵抗と電源の回路とみなせる理由（トランジスタの線形近似）は，補足 C.1 節 (2) 参照．

3.3 トランジスタの直流交流混在回路

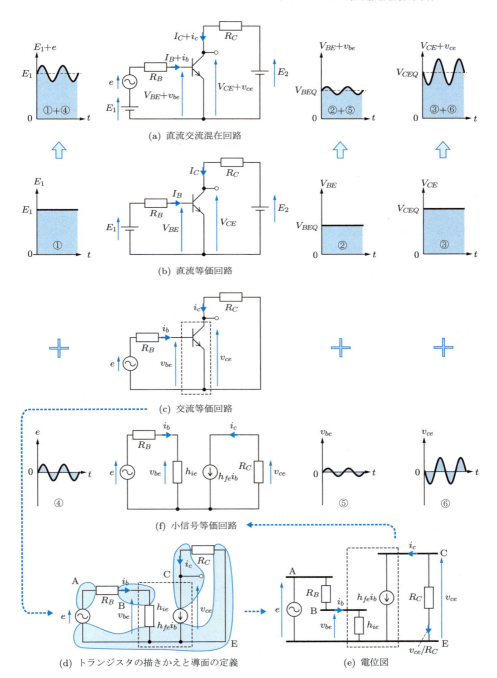

図 3.22 直流と交流の分離

86 第 3 章 トランジスタ回路

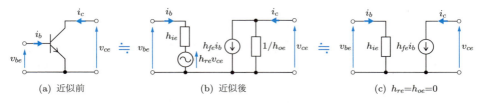

(a) 近似前　　　(b) 近似後　　　(c) $h_{re}=h_{oe}=0$

図 3.23 トランジスタの小信号等価回路（線形近似）

図 3.22(c) のトランジスタ（破線部分）をこの回路に置きかえると，図 (d) となる．また，この図のように導面を定義すると図 (e) の電位図が得られ，これを整理すると図 (f) の回路が得られる．これを元の回路の小信号等価回路という．この回路の e, v_{be}, v_{ce} は図の④，⑤，⑥となる．

手順 4　直流と交流の合成　以上より，$E+e$, $V_{BE}+v_{be}$, $V_{CE}+v_{ce}$ は図 3.22(b) と (f) のグラフを足し合わせて図 (a) の ①+④，②+⑤，③+⑥ のグラフとなる．これらのグラフは図 3.19(d) の①，②，⑤に対応しており，このように回路各所の電圧や電流は，図 3.22(b) と (f) の合成から求められる．

例題 3.8　図 3.22(a) の回路において，$E_1 = 0.8\,\text{V}$, $E_2 = 15\,\text{V}$, $e = 0.1\,\text{V}$（振幅），$R_B = 5\,\text{k}\Omega$, $R_C = 2.5\,\text{k}\Omega$ のとき，v_{ce} を求めよ．ただし，この動作点での h パラメータは $h_{ie} = 5\,\text{k}\Omega$, $h_{fe} = 200$, $h_{re} = h_{oe} = 0$ とせよ．

解答　交流成分のみ考えればよいため手順 1 は不要で，手順 2 で交流等価回路，手順 3 で小信号等価回路を求める．図 3.22(e) の電位図のベース側より次式が得られる．

$$e = R_B i_b + h_{ie} i_b \tag{3.15}$$

また，電位図のコレクタ側は，導面 C に注目すると，流入電流は 0，流出電流は $h_{fe} i_b$ および v_{ce}/R_C である[†]ので，次式が得られる．

$$0 = h_{fe} i_b + \frac{v_{ce}}{R_C} \tag{3.16}$$

以上より，i_b を消去すると v_{ce} は以下のように求められる．

$$v_{ce} = -\frac{R_C h_{fe}}{R_B + h_{ie}} e = -5\,\text{V} \tag{3.17}$$

負の符号は e に対して逆相になることを意味しており，振幅は $5\,\text{V}$ である．

答え　$v_{ce} = 5\,\text{V}$

注意　この回路は例題 3.7(1)(a) の回路と同じで，この回路のコレクタ・エミッタ間電圧の時間変化は図 3.20 の⑤，交流成分の振幅は $5\,\text{V}$ と読み取れる．すなわち，h パラメータが

[†] v_{ce} の矢印が上向きで定義されているため，電位図で v_{ce}/R_C は下向きの電流と考える．

3.3 トランジスタの直流交流混在回路　**87**

既知のとき，小信号等価回路によって同じ値が得られることがわかる．

例題 3.9 図 3.24 の回路について次の問いに答えよ．ただし，$R_B = 240\,\text{k}\Omega$，$R_C = 1\,\text{k}\Omega$，負荷 $R_L = 4\,\text{k}\Omega$，$E = 3\,\text{V}$，入力信号源 $v_{in} = 10\,\text{mV}$ とし，直流等価回路を考えるときベース・エミッタ間の順方向降下電圧 V_F は $0.6\,\text{V}$，直流電流増幅率 $h_{FE} = 200$ とせよ．また，この動作点での h パラメータは $h_{ie} = 5\,\text{k}\Omega$，$h_{fe} = 200$，$h_{re} = h_{oe} = 0$ とし，C は十分大きいとせよ．

(1) 直流等価回路を描き，バイアス点 Q_B および動作点 Q_C を求めよ．

(2) 交流等価回路，小信号等価回路，電位図を h パラメータを用いて描き，v_{out} の振幅を求めよ．

(3) 入力信号源の電圧，ベース・エミッタ間電圧，コレクタ・エミッタ間電圧，負荷 R_L の電圧の時間変化をグラフに描け．

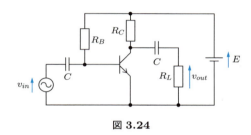

図 3.24

解答 (1) 直流等価回路は手順 1 に従って交流電圧源を短絡除去 ($v_{in} = 0$)，コンデンサを開放除去する．ここで，コンデンサを開放除去すると，これに直列につながる素子も同時に除去されるため，この回路では v_{in} および R_L が除去される．以上より，回路は図 3.25(b) となり，例題 3.6(a) と同じ回路となる．特性曲線が与えられておらず，代わって h_{FE} がわかっているため，近似解析法で動作点を求めると次のようになる．

① ベース・エミッタ間電圧は $V_{BE} = V_F = 0.6\,\text{V}$
② R_B の電流は $I_B = (E - V_F)/R_B = 10\,\mu\text{A}$
③ $I_C = h_{FE} I_B = 2\,\text{mA}$
④ $V_{CE} = E - R_C I_C = 1\,\text{V}$

答え 直流等価回路: 図 3.25(b)，$Q_B(0.6\,\text{V}, 10\,\mu\text{A})$，$Q_C(1\,\text{V}, 2\,\text{mA})$

(2) 交流等価回路は，手順 2 に従って直流電圧源およびコンデンサを短絡除去することで，図 3.25(c) となる．小信号等価回路は，手順 3 に従って交流等価回路において破線部分のトランジスタを抵抗 h_{ie}，電流源 $h_{fe}i_b$ の回路に置きかえる（このとき，**電流源の大きさ $h_{fe}i_b$ が不定とならないように，必ず i_b を図中で定義する**）と，図 (d) となる．この図で導面を定義すると，導面は高々 3 枚であることがわかり，これより電位図は図 (e) となる．ここで，v_{in} および v_{out} の矢印から，導面 B および C は E より上（E より電位が高

88 第3章 トランジスタ回路

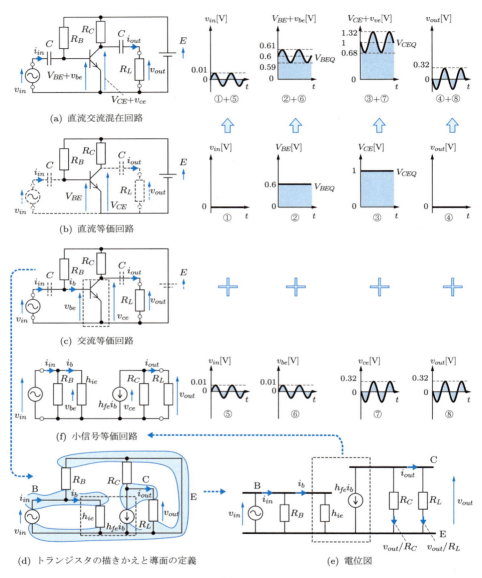

図 3.25

い位置)に描く†.電位図を整理すると図 (f) の小信号等価回路が得られる.
電位図のベース側回路より次式が得られる.

---

† 実際に導面 B, C が E より上か否かは解析前にはわからない.しかし,v_{in}, v_{out} の矢印に従って描けば(矢印の先の導面を上に描く),解析後に正しい位置が判明する.

$$v_{in} = h_{ie}i_b$$

また，コレクタ側回路の導面 C に注目すると，流入電流は 0，流出電流は $h_{fe}i_b$，v_{out}/R_C，v_{out}/R_L より次式が得られる．

$$0 = h_{fe}i_b + \frac{v_{out}}{R_C} + \frac{v_{out}}{R_L}$$

以上より，i_b を消去すると次式が得られる．

$$v_{out} = -\frac{h_{fe}}{h_{ie}}\frac{R_C R_L}{R_C + R_L}v_{in} = -320\,\mathrm{mV}$$

これより v_{out} の振幅は $320\,\mathrm{mV}$ である[1]．

答え 交流等価回路: 図 3.25(c)，小信号等価回路: 図 (f)，
電位図: 図 (e)，v_{out} の振幅は $320\,\mathrm{mV}$

(3) それぞれの時間変化は直流成分と交流成分の和で求められる．信号源 v_{in} の直流成分は 0 であるので図 3.25 の①，交流成分は⑤より，① + ⑤ が入力信号源の波形である．

ベース・エミッタ間電圧の直流成分は②，交流成分はコンデンサが短絡除去されることから[2]⑤と等しく⑥となる．よって，波形は ② + ⑥ である．

コレクタ・エミッタ間電圧の直流成分は③，交流成分は小信号等価回路から⑦となる．よって，波形は ③ + ⑦ である．

負荷の電圧の直流成分は，コンデンサを開放除去と考えるので直流電流 $= 0$ より 0 であり④，交流成分は小信号等価回路より⑦と等しく⑧となる．よって，波形は ④ + ⑧ である．

答え 入力信号源：図 3.25(a) の ① + ⑤，ベース・エミッタ間：② + ⑥，
コレクタ・エミッタ間：③ + ⑦，負荷：④ + ⑧

例題 3.10 例題 3.8 における h_{ie} および h_{fe} を図 3.6(b) および (c) の特性曲線から求めよ．ただし，h_{ie}，h_{fe} は以下で定義される．

$$h_{ie} = \left.\frac{\partial f}{\partial I_B}\right|_{(I_B, V_{CE})=(I_{BQ}, V_{CEQ})}$$

$$h_{fe} = \left.\frac{\partial g}{\partial I_B}\right|_{(I_B, V_{CE})=(I_{BQ}, V_{CEQ})}$$

またここで，f および g はベース・エミッタ間特性とコレクタ・エミッタ間特性をそれぞれ関数として表現した以下のようなものである．

$$V_{BE} = f(I_B, V_{CE})$$

$$I_C = g(I_B, V_{CE})$$

---

[1] $v_{out}/v_{in} < 0$ より，電位図において導面 B，C，E の関係は，B が E より上のとき C は E の下になる．
[2] 1.2.4 項および補足 A.3 節参照．

解答 例題 3.8 の回路は例題 3.7(1)(a) と同じであるので，バイアス点は $Q_B(0.7\,\mathrm{V}, 20\,\mu\mathrm{A})$，動作点は $Q_C(5\,\mathrm{V}, 4\,\mathrm{mA})$ である．

$\partial f/\partial I_B|_{(I_B, V_{CE})=(I_{BQ}, V_{CEQ})}$ は，$V_{CE} = V_{CEQ}$ 一定のもとでのベース・エミッタ間特性曲線（ただし，横軸 I_B，縦軸 V_{BE} のグラフ）を考えたとき，この曲線上のバイアス点 Q_B における接線の傾きに相当する[†]．3.1.3 項で説明したように，ベース・エミッタ間の特性曲線は厳密には V_{CE} に依存するが，ほぼ V_{CE} に不感であるので無視し，バイアス点での特性曲線の傾きの逆数を求める（f の定義から縦軸と横軸を入れ替えて考える）．すなわち，図 3.26(a) より以下のように求められる．

$$h_{ie} = \left.\frac{\partial f}{\partial I_B}\right|_{(I_B, V_{CE})=(I_{BQ}, V_{CEQ})} = \frac{\Delta V_{BE}}{\Delta I_B} = \frac{0.2}{40\mu} = 5\,\mathrm{k\Omega}$$

また，$\partial g/\partial I_B|_{(I_B, V_{CE})=(I_{BQ}, V_{CEQ})}$ は，$V_{CE} = V_{CEQ}$ 一定のもとでのコレクタ・エミッタ間特性から決まる I_B-I_C 特性曲線を考え，この曲線上の動作点 Q_C における接線の傾きに相当する．すなわち，図 3.26(b) において $V_{CEQ} = 5\,\mathrm{V}$ 一定の位置で各 I_B に対する I_C を読み取り図 (c) のグラフを描き，この傾きを考える．すると，図 (b) において各特性がほぼ等間隔に並ぶことから，I_B-I_C 曲線は直線となり，以下のように求められる．

$$h_{fe} = \left.\frac{\partial g}{\partial I_B}\right|_{(I_B, V_{CE})=(I_{BQ}, V_{CEQ})} = \frac{\Delta I_C}{\Delta I_B} = \frac{4000}{20} = 200$$

答え $h_{ie} = 5\,\mathrm{k\Omega},\ h_{fe} = 200$

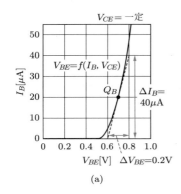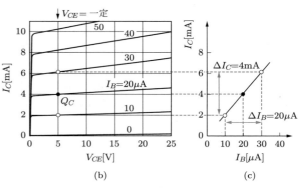

図 3.26

[†] 2 変数関数 $f(X, Y)$ の X に関する偏微分 $\partial f/\partial X$ とは，Y を一定に保ち f を X だけの関数とみなしたときの微分に相当する（補足 A.1(3) 参照）．

補足 C

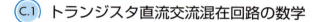

C.1 トランジスタ直流交流混在回路の数学

(1) 直流と交流の分離

直流と交流の混在回路を解析する際は，回路を直流成分と交流成分に分離して考える．3.3.2項では分離の手順について説明したが，その根拠や，直流電源の短絡除去の理由については説明していない．ここでは図 3.22(a) の回路を例にして，これらの根拠について考える．なお，ここでの議論はダイオードについて説明した補足 B.1 節と同じである．

まず，直流等価回路の導出は交流電圧源を $e = 0$，すなわち e を短絡除去することで容易に得られる．回路は図 3.22(b) となり，この回路では次式が成り立つ．

$$E_1 = R_B I_{BQ} + V_{BEQ} \tag{3.18}$$

$$E_2 = R_C I_{CQ} + V_{CEQ} \tag{3.19}$$

次に，e を元に戻して図 3.22(a) としたとき，トランジスタのベース電流，コレクタ電流，ベース・エミッタ間電圧，コレクタ・エミッタ間電圧のそれぞれが，i_b, i_c, v_{be}, v_{ce} だけ増加（変動）したとすると，次式が成り立つ．

$$E_1 + e = R_B(I_{BQ} + i_b) + (V_{BEQ} + v_{be}) \tag{3.20}$$

$$E_2 = R_C(I_{CQ} + i_c) + (V_{CEQ} + v_{ce}) \tag{3.21}$$

ここで，式 (3.20) から式 (3.18) を，式 (3.21) から式 (3.19) を引くと，次のような変動成分だけの式が得られる．

$$e = R_B i_b + v_{be} \tag{3.22}$$

$$0 = R_C i_c + v_{ce} \tag{3.23}$$

これらを満たす回路を式から逆に考えると，それは図 3.22(c) となり，元の回路から直流電圧源 E を短絡除去した回路が導かれる．

以上からわかるように，直流交流混在回路から交流等価回路を導出する過程は，時間変動のない成分（直流成分）の回路を考え，これを混在回路から差し引くことで変動成分（交流成分）のみの回路を抽出することに相当する．したがって，この過程では蓄積電荷の変動が緩やかなコンデンサなども必然的に差し引かれるため，3.3.2項の手順2では十分大きなコンデンサなども短絡除去することになる．

(2) トランジスタの線形近似

トランジスタを抵抗, 電圧源, 電流源の回路とみなせる理由は以下のとおりである. いま, トランジスタの特性を

$$V_{BE} = f(I_B, V_{CE}) \tag{3.24}$$

$$I_C = g(I_B, V_{CE}) \tag{3.25}$$

のように関数表現する. 動作点における傾き (偏微分) を h_{ie}, h_{re}, h_{fe}, h_{oe} とすると,

$$h_{ie} = \left.\frac{\partial f}{\partial I_B}\right|_{(I_B, V_{CE}) = (I_{BQ}, V_{CEQ})} , \quad h_{re} = \left.\frac{\partial f}{\partial V_{CE}}\right|_{(I_B, V_{CE}) = (I_{BQ}, V_{CEQ})}$$

$$h_{fe} = \left.\frac{\partial g}{\partial I_B}\right|_{(I_B, V_{CE}) = (I_{BQ}, V_{CEQ})} , \quad h_{oe} = \left.\frac{\partial g}{\partial V_{CE}}\right|_{(I_B, V_{CE}) = (I_{BQ}, V_{CEQ})} \tag{3.26}$$

であり, 動作点付近での関数 f および g 上の点 i_b, i_c, v_{be}, v_{ce} は, 補足 A.1 節 (2) の式 (1.33), (1.34) より以下の関係を満たす.

$$v_{be} = h_{ie}i_b + h_{re}v_{ce} \tag{3.27}$$

$$i_c = h_{fe}i_b + h_{oe}v_{ce} \tag{3.28}$$

v_{be}, v_{ce} の単位が V, i_b, i_c の単位が A であるので, 式 (3.27) および式 (3.28) より h_{ie} の単位は Ω, h_{oe} の単位は $1/\Omega$, h_{re}, h_{fe} は無名数となる.

以上より, 式 (3.27) は図 3.23(b) の左側の抵抗と電圧源の直列回路に, 式 (3.28) は右側の抵抗と電流源の並列回路について成り立つ. 補足 A.1 節 (3) も参照せよ.

章 末 問 題

3.1 図 3.6(a) の回路において，$E_1 = 0.84\,\text{V}$，$E_2 = 10\,\text{V}$ のときの I_B，I_C を求めよ．ただし，トランジスタの静特性は図 3.27 のとおりとせよ．

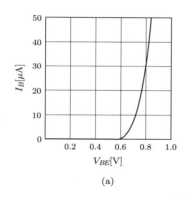
(a)

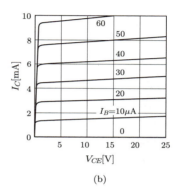
(b)

図 **3.27**

3.2 図 3.27 の特性をもつトランジスタについて，次の問いに答えよ．
(1) $V_{CE} = 15\,\text{V}$ における I_B-I_C 特性曲線を描け．
(2) 次のときの電流増幅率 β を求めよ．
　　(a)　$V_{CE} = 15\,\text{V}$, $I_B = 50\,\mu\text{A}$　　　(b)　$V_{CE} = 2.5\,\text{V}$, $I_B = 50\,\mu\text{A}$

3.3 例題 3.3 の図 3.11 の回路において，E_1 および E_2 が以下の場合について，I_B, I_C, V_{CE} を求めよ．ただし，トランジスタの特性は図 3.6(b) および (c) のとおりとせよ．
(1)　$R_B = 100\,\text{k}\Omega$, $R_C = 5\,\text{k}\Omega$, $E_1 = 2.7\,\text{V}$, $E_2 = 25\,\text{V}$
(2)　$R_B = 40\,\text{k}\Omega$, $R_C = 5\,\text{k}\Omega$, $E_1 = 2\,\text{V}$, $E_2 = 25\,\text{V}$
(3)　$R_B = 100\,\text{k}\Omega$, $R_C = 10\,\text{k}\Omega$, $E_1 = 2.7\,\text{V}$, $E_2 = 25\,\text{V}$

3.4 例題 3.4 の図 3.13 の回路について，次の問いに答えよ．ただし，$R_2 = 60\,\text{k}\Omega$, $R_C = 1\,\text{k}\Omega$, $E = 3\,\text{V}$ とし，トランジスタの特性は図 3.28(a) および (b) のとおりとせよ．
(1)　バイアス線を求め，この直線の R_1 に関する不動点を求めよ．
(2)　R_1 が次のときの I_B, I_C, V_{CE} を求めよ．また，そのときの電位図を描け．
　　(a)　$60\,\text{k}\Omega$　　　　　　　　　(b)　$300\,\text{k}\Omega$
(3)　R_1 が $60\,\text{k}\Omega$ から $300\,\text{k}\Omega$ に変化するとき，トランジスタの状態がどのように変化するか説明せよ．

3.5 例題 3.4 の図 3.13 の回路について次の問いに答えよ．ただし，$R_1 = 100\,\text{k}\Omega$, $R_C =$

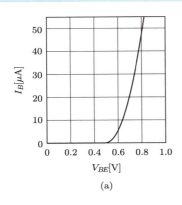
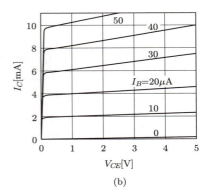

(a)　　　　　　　　　　　　　　(b)

図 3.28

$1\,\mathrm{k\Omega}$, $E = 5\,\mathrm{V}$ とし，トランジスタの特性は図 3.28 (a) および (b) のとおりとせよ．
(1) バイアス線の R_2 に関する不動点を求めよ．
(2) R_2 が次のときの I_B, I_C, V_{CE} を求めよ．また，そのときの電位図を描け．
　　(a) $100\,\mathrm{k\Omega}$　　　　　　　　　　　(b) $5\,\mathrm{k\Omega}$

3.6 章末問題 **3.3** を近似解析法を用いて解け．ただし，ベース・エミッタ間の順方向降下電圧 V_F は $0.6\,\mathrm{V}$，電流増幅率 $h_{FE} = 190$ とせよ．また，章末問題 **3.3** で求めた I_C, V_{CE} と比較せよ．

3.7 図 3.29 の回路の I_B, I_C, V_{CE} を近似解析法を用いて求めよ．ただし，ベース・エミッタ間の順方向降下電圧 V_F は $0.6\,\mathrm{V}$，電流増幅率 $h_{FE} = 200$ とし，ほかのパラメータについては以下のとおりとせよ．

(a) $R_1 = 556\,\mathrm{k\Omega}$, $R_2 = 122\,\mathrm{k\Omega}$, $R_C = 2.5\,\mathrm{k\Omega}$, $E = 15\,\mathrm{V}$
(b) $R_C = 1\,\mathrm{k\Omega}$, $R_E = 1\,\mathrm{k\Omega}$, $E_1 = 1.6\,\mathrm{V}$, $E_2 = 3\,\mathrm{V}$
(c) $R_B = 50\,\mathrm{k\Omega}$, $R_E = 1\,\mathrm{k\Omega}$, $E_1 = 1.6\,\mathrm{V}$, $E_2 = 3\,\mathrm{V}$
(d) $R_1 = 20\,\mathrm{k\Omega}$, $R_2 = 30\,\mathrm{k\Omega}$, $R_E = 540\,\Omega$, $E = 3\,\mathrm{V}$
(e) $R_B = 10\,\mathrm{k\Omega}$, $R_C = 14\,\mathrm{k\Omega}$, $R_E = 4.7\,\mathrm{k\Omega}$, $E_1 = 2.5\,\mathrm{V}$, $E_2 = 15\,\mathrm{V}$
(f) $R_0 = 1\,\mathrm{k\Omega}$, $R_1 = 800\,\Omega$, $R_2 = 200\,\Omega$, $E = 8\,\mathrm{V}$

3.8 前問の (2) の回路において，トランジスタが活性領域にある限り R_C が $2\,\mathrm{k\Omega}$ 以下で変化しても I_C は一定となることを示し，その値を求めよ．

3.9 図 3.19(a) の回路について，以下の場合のベース・エミッタ間電圧，ベース電流，コレクタ電流，コレクタ・エミッタ間電圧の時間変化をグラフに描け．ただし，$R_B = 5\,\mathrm{k\Omega}$, $R_C = 2.5\,\mathrm{k\Omega}$，トランジスタの特性は図 3.6(b) および (c) とし，ベース・エミッタ間特性は V_{CE} によらず一定とせよ．
(1) $E_1 = 0.5\,\mathrm{V}$, $E_2 = 10\,\mathrm{V}$. $e = 0.2\,\mathrm{V}$（振幅）
(2) $E_1 = 0.8\,\mathrm{V}$, $E_2 = 10\,\mathrm{V}$. $e = 0.1\,\mathrm{V}$（振幅）

3.10 例題 3.7(a) において $e = 0.15\,\mathrm{V}$ にしたとき，v_{ce} の時間変化がほぼ正弦波となるよう

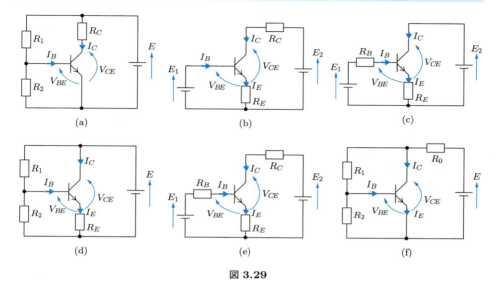

図 3.29

にするための E_1 を求めよ.

3.11 図 3.30 の回路について次の問いに答えよ. ただし, $R_1 = 7.5\,\mathrm{k\Omega}$, $R_2 = 2\,\mathrm{k\Omega}$, $R_C = 400\,\Omega$, 負荷 $R_L = 1.6\,\mathrm{k\Omega}$, $E = 3\,\mathrm{V}$, 入力信号源 $v_{in} = 5\,\mathrm{mV}$ とし, 直流等価回路を考えるときベース・エミッタ間の順方向降下電圧 V_F は $0.6\,\mathrm{V}$, 直流電流増幅率 $h_{FE} = 200$ とせよ. また, この動作点での h パラメータは $h_{ie} = 5\,\mathrm{k\Omega}$, $h_{fe} = 200$, $h_{re} = h_{oe} = 0$ とし, C は十分大きいとせよ.

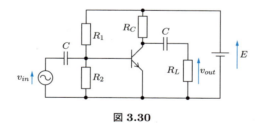

図 3.30

(1) 直流等価回路を描き, バイアス点 Q_B および動作点 Q_C を求めよ.
(2) 交流等価回路, 小信号等価回路, 電位図を h パラメータを用いて描き, v_{out} の振幅を求めよ.
(3) 入力信号源の両端電圧, ベース・エミッタ間電圧, コレクタ・エミッタ間電圧, 負荷両端の電圧の時間変化をグラフに描け.

3.12 図 3.31 の回路についてバイアス点 Q_B と動作点 Q_C を求めよ. また, v_{out}/v_{in} を求めよ. ただし, ベース・エミッタ間の順方向降下電圧 V_F は $0.6\,\mathrm{V}$, 直流電流増幅率 $h_{FE} = 200$

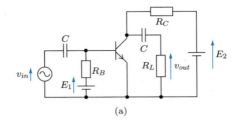

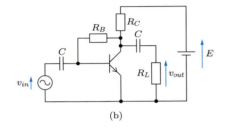 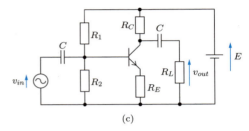

図 3.31

とせよ．また，この動作点での h パラメータは $h_{ie} = 5\,\mathrm{k\Omega}$, $h_{fe} = 200$, $h_{re} = h_{oe} = 0$ とし，C は十分大きいとせよ．
(a) $R_B = 20\,\mathrm{k\Omega}$, $R_C = 1\,\mathrm{k\Omega}$, $R_L = 1\,\mathrm{k\Omega}$, $E_1 = 1\,\mathrm{V}$, $E_2 = 6\,\mathrm{V}$
(b) $R_B = 10\,\mathrm{k\Omega}$, $R_C = 150\,\Omega$, $R_L = 300\,\Omega$, $E = 3\,\mathrm{V}$
(c) $R_1 = 30\,\mathrm{k\Omega}$, $R_2 = 6\,\mathrm{k\Omega}$, $R_C = 1.2\,\mathrm{k\Omega}$, $R_E = 200\,\Omega$, $R_L = 1.8\,\mathrm{k\Omega}$, $E = 9\,\mathrm{V}$

3.13 例題 3.8 において $h_{oe} = 0$ と仮定したが，これを仮定しないとき，h_{oe} を図 3.6(c) の特性曲線から求めよ．ただし，h_{oe} は以下で定義される．

$$h_{oe} = \left.\frac{\partial g}{\partial V_{CE}}\right|_{(I_B, V_{CE}) = (I_{BQ}, V_{CEQ})}$$

またここで，g はベース・エミッタ間特性とコレクタ・エミッタ間特性をそれぞれ関数として表現したもので，

$$I_C = g(I_B, V_{CE})$$

である．

4 さまざまな電子回路

4.1 トランジスタ増幅回路

4.1.1 増幅回路の基礎

　微弱な信号を入力し，これを増幅して出力する回路を増幅回路という．図 4.1 に一般的な増幅回路（変動成分だけを考えた回路．交流等価回路）の例を示す．ここで，e および ρ は増幅回路への入力となる信号源[†]内の電圧源および内部インピーダンス，R_L は増幅された出力を通す負荷である．

　増幅回路の性質は，電圧増幅度，電流増幅度，電力増幅度，入力インピーダンス，出力インピーダンスなどの特徴量で表される．これらを増幅回路の動作量という．図 4.1 において，v_{in} および i_{in} を入力電圧および入力電流とし，v_{out} および i_{out} を出力電圧および出力電流とすると，電圧増幅度 A_v，電流増幅度 A_i，電力増幅度 A_p は以下のように定義される．

$$A_v = \frac{v_{out}}{v_{in}} \tag{4.1}$$

$$A_i = \frac{i_{out}}{i_{in}} \tag{4.2}$$

$$A_p = \frac{v_{out} i_{out}}{v_{in} i_{in}} = A_v A_i \tag{4.3}$$

とくに，これらを次式のように対数で表した値を，それぞれ電圧利得，電流利得，電

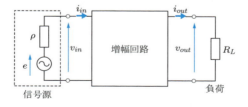

図 4.1 増幅回路（交流等価回路）

[†] 1.1.1 項参照．

力利得という.

$$G_v = 20\log_{10}|A_v| = 20\log_{10}\left|\frac{v_{out}}{v_{in}}\right| \tag{4.4}$$

$$G_i = 20\log_{10}|A_i| = 20\log_{10}\left|\frac{i_{out}}{i_{in}}\right| \tag{4.5}$$

$$G_p = 10\log_{10}|A_p| = 10\log_{10}\left|\frac{v_{out}i_{out}}{v_{in}i_{in}}\right| \tag{4.6}$$

各利得の単位は**デシベル dB**[†1] という.

　入力インピーダンスは図 4.2(a) に示すように，入力端子側から増幅回路をみたときのインピーダンスであり，次式で定義される．

$$Z_i = \left|\frac{v_{in}}{i_{in}}\right| \tag{4.7}$$

出力インピーダンスは元の回路から信号源内の電圧源を短絡除去し，負荷 R_L を理想電圧源にした図 (b) の回路において，出力端子側から増幅回路をみたときのインピーダンスであり，次式で定義される．

$$Z_o = \left|\frac{v_{out}}{i_{out}}\right| \tag{4.8}$$

エネルギーの伝達効率を考えないとき，**高い入力インピーダンス，低い出力インピーダンスが理想的**とされる[†2].

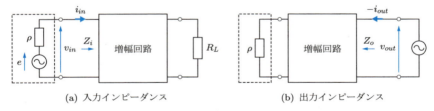

(a) 入力インピーダンス　　(b) 出力インピーダンス

図 **4.2**　入出力インピーダンスの測定回路

[†1]　補足 A.1 節 (4) 参照.
[†2]　補足 D.1 節参照.

4.1.2 増幅回路の接地方式

バイポーラトランジスタを用いて増幅回路を構成する場合,入出力信号の基準電位をいずれの端子にするかで**エミッタ接地増幅回路**,**コレクタ接地増幅回路**,**ベース接地増幅回路**の3通りの回路が考えられる[†].図4.3の上段は各接地方式の原理を考える基本回路であり,下段はそれぞれの交流等価回路(変動成分だけを考えた回路)である.簡単のために,信号源の内部インピーダンス ρ を0としている.各回路の交流等価回路をみると,それぞれの接地方式でよばれる端子が接地されており,また,入出力電圧 v_{in} および v_{out} の基準(矢印の始点)がその端子に接続していることがわかる.表4.1に各回路の特徴を示す.

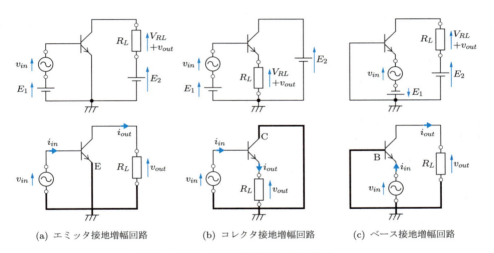

図 4.3 トランジスタ増幅回路の接地方式
(上段:基本回路,下段:交流等価回路)

[†] 増幅回路は入力2端子,出力2端子が必要である.一方,トランジスタには端子が3つしかない.そこで,トランジスタのいずれか1端子を入力と出力で共用し,これを電位の基準(接地)として増幅回路を構成する.このことから,各接地回路を**エミッタ共通増幅回路**,**コレクタ共通増幅回路**,**ベース共通増幅回路**とよぶこともある.

100 第 4 章 さまざまな電子回路

表 4.1 基本回路の動作量の特徴

接地方式	エミッタ接地	コレクタ接地	ベース接地
基準端子	エミッタ	コレクタ	ベース
入力端子	ベース	ベース	エミッタ
出力端子	コレクタ	エミッタ	コレクタ
電圧増幅度	大	1	大
電流増幅度	大	大	1
入力インピーダンス	小	大	小
出力インピーダンス	大	小	大
入出力の位相	逆相（反転）	同相	同相
用途	汎用増幅器	インピーダンス変換器	高周波増幅器

エミッタ接地増幅回路は，エミッタを入出力信号の基準電位とする増幅回路である．この回路は他方式の回路と比較して電圧および電流増幅度がともに大きいため，汎用的な増幅回路に用いられる．ただし，出力インピーダンスが高い，高周波域で増幅度が伸びないなどの短所がある．

コレクタ接地増幅回路は，コレクタを基準電位とする増幅回路であり，入力信号を追従するような出力信号が得られることからエミッタフォロワ回路ともよばれる．この回路は電圧増幅作用はないものの，出力インピーダンスが極めて低いため，インピーダンス変換器としてエミッタ接地回路の後段に置かれる．

ベース接地増幅回路は，ベースを基準電位とする回路であり，電流増幅作用はないものの，ほかの接地方式と比べて電圧増幅度が高周波域まで伸びる特徴があるため，高周波増幅回路に用いられる．

4.1.3 エミッタ接地増幅回路

(1) 基本回路の動作量

図 4.3(a) に示すエミッタ接地増幅回路（基本回路）の入出力信号を図 4.4 に示す．入力 v_{in} が振動すると回路各所の電圧電流は①から④のように振動し，コレクタ・エミッタ間電圧の変動 v_{ce} と負荷電圧の変動 v_{out} が一致する．この回路では図のように v_{out} だけを取り出すことはできず，負荷両端には直流 V_{RL} と交流 v_{out} の和が現れ，交流成分 i_{out} $(= v_{out}/R_L)$ だけでなく，直流成分 I_{CQ} $(= V_{RL}/R_L)$ も流れるため，直流を必要としない負荷にとっては無駄な電力が消費される．

4.1 トランジスタ増幅回路　**101**

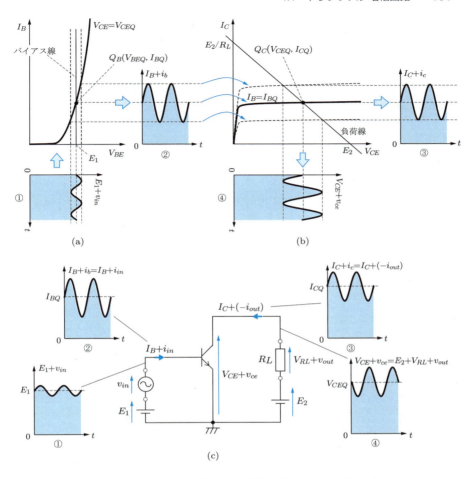

図 4.4 エミッタ増幅回路（基本回路）の入出力信号

> **例題 4.1**　図 4.3(a) のエミッタ接地増幅回路の電圧増幅度 A_v, 電流増幅度 A_i, 入力インピーダンス Z_i, 出力インピーダンス Z_o を h パラメータを用いて求めよ．ただし，$h_{re} = h_{oe} = 0$ とする．

解答　図 4.5(a) はこの回路の交流等価回路である．トランジスタを h パラメータを用いて描きかえると，図 (b) が得られる．この図のとおり導面 B, C, E を定義すると，図 (c) の電位図が得られる．図 (d) は電位図から得られる小信号等価回路である．

電位図より次式が得られる．

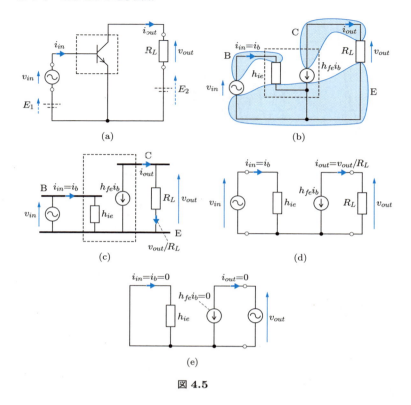

図 4.5

$$\begin{cases} v_{in} = h_{ie} i_b \\ 0 = h_{fe} i_b + v_{out}/R_L \\ i_{in} = i_b \\ i_{out} = v_{out}/R_L \end{cases}$$

以上より，A_v，A_i，Z_i は以下のように求められる．

$$A_v = \frac{v_{out}}{v_{in}} = -\frac{h_{fe} i_b R_L}{h_{ie} i_b} = -\frac{h_{fe} R_L}{h_{ie}}, \quad A_i = \frac{i_{out}}{i_{in}} = -\frac{h_{fe} i_b}{i_b} = -h_{fe}$$

$$Z_i = \left|\frac{v_{in}}{i_{in}}\right| = \frac{h_{ie} i_b}{i_b} = h_{ie}$$

また，出力インピーダンス Z_o は，入力信号源 v_{in} を短絡除去，負荷 R_L を理想電圧源 v_{out} とした回路である図 4.5(e) で考える．h_{ie} は短絡されてその電流 i_b は 0 となり，これより電流源も 0 となるため $i_{out} = 0$ となり，Z_o は次のように求められる．

$$Z_o = \left|\frac{v_{out}}{i_{out}}\right| = \infty$$

<u>答え　$A_v = -h_{fe} R_L/h_{ie}$, $A_i = -h_{fe}$, $Z_i = h_{ie}$, $Z_o = \infty$</u>

注意 1 $A_v < 0$ は，入力 v_{in} と出力 v_{out} が逆相になることを意味する．
注意 2 表 4.1 のとおり，A_v, A_i は h_{fe} に比例する大きな値，Z_o も ∞ と大きいことがわかる．

(2) 実際のエミッタ接地増幅回路

図 4.3(a) の基本回路は実際の増幅回路としてはいくつか問題がある．まず，この回路には 2 つの直流電源が必要である．電源の数はできるだけ少ないほうがよい．また，信号源や負荷に直流電流が貫通しており，信号源や負荷が直流を通さない（通せない）場合や，または直流を通すと無駄な電力を消費する場合は，この基本回路は適さない．

そこで，図 4.6 のような回路が実際には用いられる．図 (a) は，直流電圧源とこれにつながる導線を省略した回路図で，正確な回路図は，$+E$ と書かれた端子と接地記号を直流電圧源 E の $+$ と $-$ につないだ図 (b) である[†1]．

この回路では，ベース側に R_B をつないで直流電源を 1 つにまとめている．また，信号源とトランジスタ，負荷とトランジスタの間にコンデンサを挿入している．これらのコンデンサを結合コンデンサまたはカップリングコンデンサといい，入力側のコンデンサは 0 V（エミッタ電位）を中心に振動する入力信号をベース電位までかさ上げ（バイアス）し，出力側のコンデンサは V_{CEQ} を中心に振動する出力信号を 0 V まで引き下げるはたらきがある（直流成分をカットするという）[†2]．例題 3.9 の図 3.25 は，この回路の電圧の時間変化を示している．結合コンデンサにより入力（①+⑤）がかさ上げされ（②+⑥），増幅され（③+⑦），直流がカットされる（④+⑧）のがわかる．

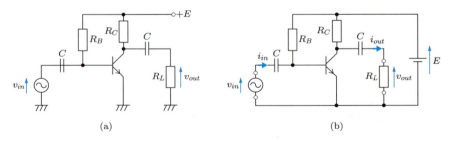

図 **4.6** 実際のエミッタ接地増幅回路

[†1] 直流電圧源と導線の省略については 1.1.3 項の図 1.8 参照．
[†2] 1.2.4 項および補足 A.3 節参照．

例題 4.2

図 4.6 の回路の A_v, A_i, Z_i を h パラメータを用いて求めよ．ただし，$h_{re} = h_{oe} = 0$ とし，コンデンサは十分大きいものとせよ．

解答 まず，交流等価回路を求めるため，直流電圧源およびコンデンサを短絡除去すると，図 4.7(a) となる．トランジスタを h パラメータを用いて描きかえると，図 (b) が得られる．この図のとおり導面 B, C, E を定義すると，図 (c) の電位図が得られる．図 (d) は電位図から得られる小信号等価回路である．

電位図より次式が得られる．

$$\begin{cases} v_{in} = h_{ie} i_b \\ 0 = h_{fe} i_b + v_{out}/R_C + v_{out}/R_L \\ i_{in} = v_{in}/R_B + i_b \\ i_{out} = v_{out}/R_L \end{cases}$$

以上より，A_v, A_i, Z_i は以下のように求められる．

$$A_v = \frac{v_{out}}{v_{in}} = \frac{1}{h_{ie} i_b} \frac{-h_{fe} i_b R_C R_L}{R_C + R_L} = -\frac{h_{fe} R_L}{h_{ie}} \frac{R_C}{R_C + R_L}$$

$$A_i = \frac{i_{out}}{i_{in}} = \frac{i_{out}/i_b}{i_{in}/i_b} = -h_{fe} \frac{R_B}{R_B + h_{ie}} \frac{R_C}{R_C + R_L}$$

$$Z_i = \left|\frac{v_{in}}{i_{in}}\right| = h_{ie} \frac{R_B}{R_B + h_{ie}}$$

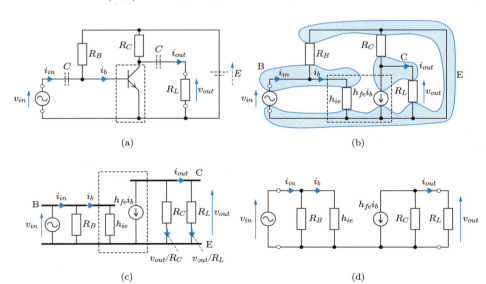

図 4.7

答え $A_v = -(h_{fe}R_L/h_{ie}) \cdot R_C/(R_C + R_L)$,
$A_i = -h_{fe} \cdot R_B/(R_B + h_{ie}) \cdot R_C/(R_C + R_L)$,
$Z_i = h_{ie} \cdot R_B/(R_B + h_{ie})$

注意 得られた A_v, A_i, Z_i を例題 4.1 の基本回路の値と比較すると以下の違いがあり，すべて減少することがわかる．
- A_v は $R_C/(R_C + R_L)$ 倍
- A_i は $R_B/(R_B + h_{ie}) \cdot R_C/(R_C + R_L)$ 倍
- Z_i は $R_B/(R_B + h_{ie})$ 倍

この原因を図 4.7(d) と例題 4.1 の図 4.5(d) の比較から考えると，次の考察ができる．
- 入力信号源 v_{in} に R_B が並列に挿入
  - → 信号源からの電流 i_{in} が一部 R_B に分岐 → h_{ie} への電流 i_b が減少
- 負荷 R_L に R_C が並列に挿入
  - → 電流源の電流が一部 R_C に分岐 → R_L への電流 i_{out} が減少

以上により，A_v, A_i, Z_i はいずれも値が小さくなることがわかる．

(3) より実用的なエミッタ接地増幅回路

トランジスタの特性は同型番の部品であっても大きなばらつきがある．また，トランジスタで生じる熱の影響でも大きく変化する．図 4.6 の増幅回路はトランジスタの特性に敏感で，また，熱の影響を大きく受ける問題があり実用的とはいえない．図 4.8 は<u>電流帰還バイアス回路</u>†とよばれ，このような問題が緩和される特徴があり，より実用的な増幅回路である．

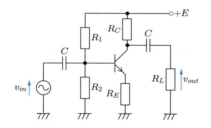

図 4.8 実用的なエミッタ接地増幅回路

---

† 詳細は 4.1.4 項参照．

例題 4.3 図 4.8 に示すエミッタ接地増幅回路の A_v, A_i, Z_i を h パラメータを用いて求めよ．ただし，$h_{re} = h_{oe} = 0$ とし，コンデンサは十分大きいものとせよ．

解答 図 4.8 は直流圧電源を省略した回路図であるので，まず，E と接地記号をそれぞれ直流圧電源の + と − につないだ回路を考える．次に，前の例題と同じく交流等価回路，導面の定義，電位図，小信号等価回路を考えると，図 4.9 となる．図 (c1) の電位図より次式が得られる．

$$\begin{cases} v_{in} = h_{ie}i_b + R_E(1+h_{fe})i_b \\ 0 = h_{fe}i_b + v_{out}/R_C + v_{out}/R_L \\ i_{in} = v_{in}/R_1 + v_{in}/R_2 + i_b \\ i_{out} = v_{out}/R_L \end{cases}$$

以上より，A_v, A_i は以下のように求められる．

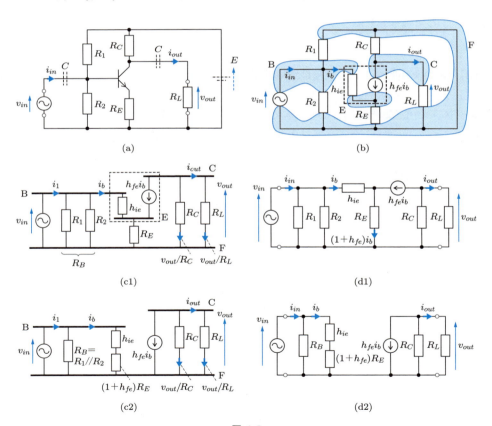

図 4.9

$$A_v = \frac{v_{out}}{v_{in}} = -\frac{h_{fe}R_L}{h'_{ie}}\frac{R_C}{R_C + R_L} \tag{4.9}$$

$$A_i = \frac{i_{out}}{i_{in}} = \frac{i_{out}/i_b}{i_{in}/i_b} = -h_{fe}\frac{R_B}{R_B + h'_{ie}}\frac{R_C}{R_C + R_L} \tag{4.10}$$

$$Z_i = \left|\frac{v_{in}}{i_{in}}\right| = h'_{ie}\frac{R_B}{R_B + h'_{ie}} \tag{4.11}$$

ただし，$R_B = R_1 // R_2$，$h'_{ie} = h_{ie} + (1 + h_{fe})R_E$ である．

> <u>答え</u>　$A_v = -(h_{fe}R_L/h'_{ie}) \cdot R_C/(R_C + R_L)$,
> $\underline{A_i = -h_{fe} \cdot R_B/(R_B + h'_{ie}) \cdot R_C/(R_C + R_L)}$,
> $\underline{Z_i = h'_{ie} \cdot R_B/(R_B + h'_{ie})}$,
> ただし，$R_B = R_1 // R_2$，$h'_{ie} = h_{ie} + (1 + h_{fe})R_E$

注意 1　図 4.9(c1) において，R_E の電流は $(1 + h_{fe})i_b$ である．そこで，図 (c2) の電位図を考えると，各導面間の電位差は図 (c1) と変わらない．よって，この回路からも同じ解が得られる．

注意 2　図 4.9(c2) を整理した図 (d2) と例題 4.2 の図 4.7(d) を比較すると，h_{ie} が h'_{ie} に変わった以外違いはない．ただし，$h_{ie} < h'_{ie}$ より A_v および A_i はともに低下する．たとえば，$h_{ie} = 5\,\mathrm{k\Omega}$，$h_{fe} = 200$，$R_E = 2\,\mathrm{k\Omega}$ とすると，$h'_{ie}/h_{ie} \fallingdotseq 80$ 倍となり A_v は 1/80 になる．この問題は，R_E の両端にコンデンサを並列に挿入することで改善できる（章末問題 **4.3** 参照）．

4.1.4　バイアス

トランジスタ増幅回路で歪みのない出力信号を得るには，適切なバイアス点および動作点の設定が必要である．バイアスは 0 V 中心に振動している入力信号を「かさ上げ」することで[†1]，このかさ上げが適切でないと，トランジスタが活性領域から外れて出力信号が歪む．

たとえば，図 3.19(a) の回路においてバイアス点 Q_B を図 4.10(a) のように低く設定すると，ベース電流の変動の負側が一部カットされて出力が歪む．また，図 (b) のように Q_B を高く設定すると，ベース電流は歪まないもののコレクタ・エミッタ間特性が飽和領域に入り，コレクタ電流の + 側が一部カットされて出力が歪む．入力信号を歪みなくできるだけ大きく増幅したい場合，図 (c) のように動作点 Q_C が負荷線の中央付近になるよう Q_B を決定する必要がある[†2]．

[†1]　1.2.4 項および補足 A.3 節参照．

[†2]　コンデンサを含む増幅回路の場合は厳密には負荷線の中央とは限らず，交流負荷線を導出して考える必要がある．交流負荷線は交流等価回路から得られる負荷線である．一方，本書で説明する負荷線は直流等価回路に対する負荷線であるので，厳密には直流負荷線という．

108 第 4 章 さまざまな電子回路

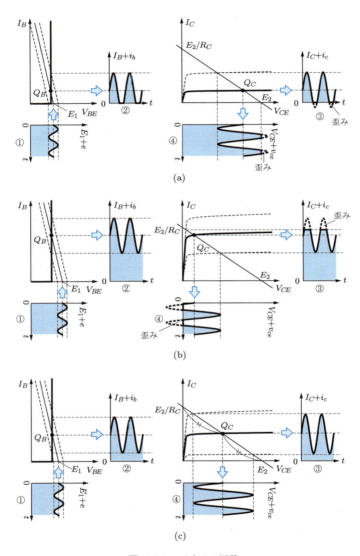

図 4.10 バイアス回路

例題 4.4
図 3.19(a) の回路において動作点を負荷線の中央に設定したい.$E_1 = E_2 = 3\,\text{V}$, $R_B = 640\,\text{k}\Omega$, $V_F = 0.6\,\text{V}$, $h_{FE} = 200$ のとき R_C を求めよ.

解答 直流等価回路より,$I_{BQ} = (E_1 - V_F)/R_B$, $I_{CQ} = h_{FE}I_{BQ}$, $V_{CEQ} = E_2 - R_C I_{CQ}$ が得られる.また,動作点を負荷線の中央に設定するため,$V_{CEQ} = E_2/2$ が必要である.以上より,$R_C = E_2 R_B / 2h_{FE}(E_1 - V_F) = 2\,\text{k}\Omega$ と求められる.

答え $R_C = 2\,\text{k}\Omega$

例題 4.4 のように出力信号が歪まないように動作点を設定しても,実際に意図する信号を得るのは難しい.これはトランジスタの h_{FE} が部品ごとに大きくばらつくこと,またトランジスタで生じる熱でこの値が大きく変化することなどが原因である.そこで,h_{FE} が変化しても意図した動作点が維持できるバイアス回路が必要となる.

図 4.11(a) は固定バイアス回路とよばれ,もっとも簡単な構成のバイアス回路であるが,I_C は h_{FE} の変化の影響を強く受けるため,トランジスタの温度が上がり h_{FE} が上昇すると,簡単に動作点が移動して出力信号が歪む.実用に適さない回路である.

図 4.11(b) は電圧帰還バイアス回路とよばれるバイアス回路である.この回路はトランジスタの温度が上昇して h_{FE} が増加し,I_C が増加しても,R_C の電圧降下増加 → V_{CE} 減少 → R_B の電圧降下減少 ($V_{BE} = V_F$ 一定より) → I_B 減少 → I_C 減少,のようにして I_C の増加が抑えられ,動作点が維持される.このように,出力の変動 (I_C 増加) が入力に逆の変動 (I_B 減少) をもたらし,出力の変動が抑えられる作用を負帰還 (negative feedback) という.

図 4.11(c) は電流帰還バイアス回路とよばれ,もっとも広く使われるバイアス回路である.この回路はトランジスタの温度が上昇して h_{FE} が増加し,I_C が増加しても,R_E の電圧降下増加 → R_2 の電圧降下増加 ($V_{BE} = V_F$ 一定より) → R_1 の電圧降下減少 → I_2 増加,I_1 減少 → I_B ($= I_1 - I_2$) 減少 → I_C 減少,のようにして I_C の増加が抑えられ,動作点が維持される.この回路においても出力の変動 (I_C 増加) が入力に逆の変動 (I_B 減少) をもたらしており,負帰還がかかっていると考えられる.

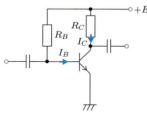
(a) 固定バイアス回路

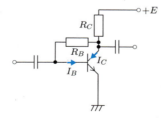
(b) 電圧帰還バイアス回路

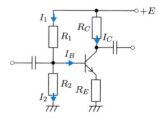
(c) 電流帰還バイアス回路

図 4.11 バイアス回路

例題 4.5 図 4.11(c) の電流帰還バイアス回路の直流等価回路について，次の問いに答えよ．
(1) I_C を h_{FE}, R_B, R_C, R_E, R_1, R_2, E で表せ．
(2) h_{FE} が $h_{FE1} = 200$ から $h_{FE2} = 400$ に変化したとき，I_C はどの程度変化するか．$\Delta h_{FE}/h_{FE1}$ と $\Delta I_C/I_{C1}$ を比較して答えよ．ただし，$\Delta h_{FE} = h_{FE2} - h_{FE1}$，$\Delta I_C = I_{C2} - I_{C1}$，$I_{C1}$ と I_{C2} は h_{FE1}, h_{FE2} のときの I_C とし，$R_1 = 60\,\mathrm{k\Omega}$，$R_2 = 12\,\mathrm{k\Omega}$, $R_C = 14\,\mathrm{k\Omega}$, $R_E = 4.7\,\mathrm{k\Omega}$, $E = 15\,\mathrm{V}$ とせよ．
(3) $R_E \gg R_B/h_{FE}$ が成り立つとき，I_C が h_{FE} に依存しないことを示せ．

解答 (1) この回路の直流等価回路は例題 3.6(c) と同じ回路である．

答え $I_C = h_{FE}(E_1 - V_F)/(R_B + R_E h_{FE})$

ただし，$E_1 = R_2/(R_1 + R_2)E$, $R_B = R_1 R_2/(R_1 + R_2)$

(2) (1) より $h_{FE1} = 200$ のとき $I_{C1} = 400\,\mu\mathrm{A}$，$h_{FE2} = 400$ のとき $I_{C2} = 402\,\mu\mathrm{A}$ と求められる．したがって，$\Delta h_{FE}/h_{FE1} = 100\%$, $\Delta I_C/I_{C1} = 5\%$．

答え h_{FE} が 100% 変化しても I_C は 5% しか変化しない．

(3) $R_E \gg R_B/h_{FE}$ が成り立つとき，

$$I_C = h_{FE}\frac{E_1 - V_F}{R_B + R_E h_{FE}} = \frac{E_1 - V_F}{R_B/h_{FE} + R_E} \fallingdotseq \frac{E_1 - V_F}{R_E} \tag{4.12}$$

となり，I_C は h_{FE} に依存しない．

4.1.5 周波数特性

ここまでの説明で，増幅回路の増幅度と入力信号の周波数については深く考察していなかったが，一般的には図 4.12 に示すように，低周波および高周波の入力信号に対して増幅度（利得）が低下する．電力増幅度が半分（電力利得が $-3\,\mathrm{dB}$）になる低域側周波数 f_{cl} を **低域遮断周波数**（または **低域カットオフ周波数**），高域側周波数 f_{ch} を（**高域遮断周波数** または **高域カットオフ周波数**）という．

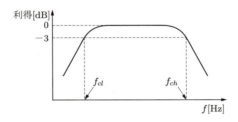

図 4.12 一般的な増幅回路の周波数特性

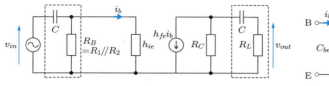
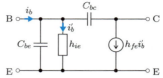

図 4.13 結合コンデンサを考慮した小信号等価回路

図 4.14 寄生容量を考慮したトランジスタの小信号等価回路

低周波の入力信号に対して増幅度が低下する原因は，結合コンデンサにある．例題 4.3 の回路について結合コンデンサ C を短絡除去しない交流等価回路を考えると図 4.13 のようになり，入力側にはバイアス抵抗 $R_B\ (=R_1//R_2)$ と結合コンデンサ C によって，また出力側には負荷抵抗 R_L と結合コンデンサ C によって高域通過フィルタ[†1]が形成される．高域通過フィルタは低周波信号を阻止するため，これらのフィルタによって低周波信号に対する増幅度が低下する．

高周波の入力信号に対して増幅度が低下する原因は，トランジスタ内部にある容量成分である．図 4.14 に示すように，トランジスタ内部には端子間に**寄生容量**とよばれる極めて小さな容量成分が存在する．信号の周波数 ω が高くなると C_{bc} や C_{be} のインピーダンス（$|1/j\omega C_{bc}|$ や $|1/j\omega C_{be}|$）が低下し，本来 h_{ie} に流れる電流が寄生容量を経由して漏れるため，増幅度が低下する[†2]．

4.2 演算増幅回路

4.2.1 理想演算増幅器

トランジスタを用いた増幅回路は，トランジスタ以外に多数の抵抗やコンデンサなどを組み合わせる必要があり，またそれぞれの値を正しく設定しなければ所望の性能を達成できない．そこで，増幅回路をより容易に実現するための専用の集積回路が開発された．これを**演算増幅器**または**オペアンプ**という．

オペアンプは多数のトランジスタや抵抗で構成された**集積回路** (Integrated Circuit, **IC**) で，単体の部品として取り扱う．図 4.15 にオペアンプの記号を示す．一般的なオペアンプは 2 つの入力端子と 1 つの出力端子をもつ．＋記号の端子を**非反転入力端子**，－記号の端子を**反転入力端子**という．

[†1] 1.2.5 項参照．
[†2] とくに，増幅度の高い増幅回路においては C_{bc} がみかけ上大きな容量にみえる．これを**ミラー効果**という．この効果により電流の大部分が C_{bc} を経由してコレクタ側に逃げるため，高域特性を著しく低下させる．

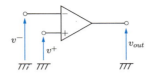

図 4.15 オペアンプ

オペアンプの出力端子の接地点に対する電位 v_{out} は，非反転入力端子の電位 v^+，反転入力端子の電位 v^- を用いて次式のように表される．

$$v_{out} = A_{op}(v^+ - v^-) \tag{4.13}$$

ここで，A_{op} を電圧増幅度という．理想的なオペアンプは，

- 電圧増幅度は無限大 $(A_{op} = \infty)$
- 入力インピーダンスは無限大 $(Z_i = \infty)$
- 出力インピーダンスは **0** $(Z_o = 0)$

とされており，この値にできるだけ近づくよう実際の回路は設計されている．

4.2.2 反転増幅回路と仮想短絡

図 4.16 の回路を反転増幅回路という．以下で，この回路の電圧増幅度 $A = v_{out}/v_{in}$ について考える．

オペアンプの非反転入力端子は接地されているため $v^+ = 0$ となり，次式が成り立つ．

$$v_{out} = A_{op}(v^+ - v^-) = -A_{op}v^- \tag{4.14}$$

いま，$v_{in} > v^- > v_{out}$ とすると，図 4.16 のように電流 i_1, i_2 が流れ，それぞれは次式で与えられる．

$$i_1 = \frac{v_{in} - v^-}{R_1} \tag{4.15}$$

$$i_2 = \frac{v^- - v_{out}}{R_2} \tag{4.16}$$

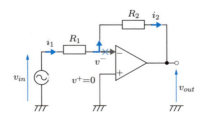

図 4.16 反転増幅回路

4.2　演算増幅回路　**113**

また，理想オペアンプでは入力インピーダンスが無限大であるため，反転入力端子からオペアンプ内部へ電流は流入しない（流出もない）．したがって，次式が成り立つ，

$$i_1 = i_2 \tag{4.17}$$

以上より，v^- は次式となる．

$$v^- = \frac{R_1 v_{out} + R_2 v_{in}}{R_1 + R_2} \tag{4.18}$$

この回路では v^- が v^+ と常に一致するように動作する．なぜなら，もし $v^- < v^+$ になると，$v_{out} = A_{op}(v^+ - v^-)$ より v_{out} は急速に増加するが，同時に式 (4.18) より v^- も増加（$|v^+ - v^-|$ 減少）する．これにより，v_{out} の増加は抑制され，$v^- = v^+$ に達したとき，v_{out} の増加は停止する．このような作用を負帰還という．

$v^- = v^+$ の関係は入力信号に無関係にいつでも成立しており，あたかも反転入力端子が非反転入力端子に短絡しているようにみえる（実際には短絡してない）ことから，このような状態を仮想短絡 (imaginaly short) という．

式 (4.18) および仮想短絡 $v^- = v^+ = 0$ より

$$A = \frac{v_{out}}{v_{in}} = -\frac{R_2}{R_1} \tag{4.19}$$

となり，この回路の増幅度はオペアンプの増幅度 A_{op} と無関係に R_1 と R_2 の単純な比として求められることがわかる．また，マイナス記号があることからわかるように，出力の位相は入力に対して反転する．このように，オペアンプを使うと所望の増幅度をもつ増幅回路を極めて容易に設計できる．

仮想短絡は周辺素子の接続関係に依存するもので，任意のオペアンプ回路で成立するわけではないが，事前に仮想短絡が成り立つことがわかっている場合は，これを用いて簡単に回路を設計できる．

例題 4.6　図 4.16 の反転増幅回路について次の問いに答えよ．

(1)　電圧増幅度を仮想短絡を仮定して求めよ．

(2)　$R_1 = 2\,\mathrm{k\Omega}$, $R_2 = 10\,\mathrm{k\Omega}$ のときの電圧増幅度を求めよ．

解答 (1)　仮想短絡 $v^- = v^+ = 0$ より R_1, R_2 の電流は，

$$i_1 = \frac{v_{in} - 0}{R_1}, \quad i_2 = \frac{0 - v_{out}}{R_2} \tag{4.20}$$

また，入力インピーダンス無限大の条件より $i_1 = i_2$ が成り立ち，これらより

$$A = \frac{v_{out}}{v_{in}} = -\frac{R_2}{R_1} \tag{4.21}$$

と求められる． **答え**　$A = -R_2/R_1$

(2) 電圧増幅度 $A = -R_2/R_1 = -10/2 = -5$ である.

答え　$A = -5$

注意　(1) のように仮想短絡を仮定できると，式 (4.18) を求めることなく簡単に増幅度を求められることがわかる．

4.2.3　さまざまな演算回路

オペアンプを用いることで，表 4.2 に示すさまざまな演算機能をもつ回路が実現できる．これがオペアンプが演算増幅器といわれる理由である．いずれの回路も仮想短絡が成り立つ．

> **例題 4.7**　表 4.2 の非反転増幅回路とインピーダンス変換回路について，次の問いに答えよ．ただし，オペアンプは理想的で，仮想短絡が成り立つとせよ．
> (1) 非反転増幅回路において，次式が成り立つことを示せ．
> $$v_{out} = \left(1 + \frac{R_2}{R_1}\right) v_{in}$$
> (2) インピーダンス変換回路において，次式が成り立つことを (1) の式から導け．
> $$v_{out} = v_{in}$$

解答　(1) 仮想短絡の条件より $v_{in} = v^+ = v^-$ であり，R_1 および R_2 の電流が図 4.17 のように流れると仮定すると，$i_1 = v^-/R_1$，$i_2 = (v_{out} - v^-)/R_2$ である．オペアンプの入力インピーダンスは無限大であることから，オペアンプへの電流の流入出は 0 であり，$i_1 = i_2$ がいえる．以上より，$v_{out} = (1 + R_2/R_1) v_{in}$ が得られる．
(2) 非反転増幅回路において，$R_1 \to \infty$（開放除去），$R_2 \to 0$（短絡除去）としたときインピーダンス変換回路が得られ，(1) の式は $v_{out} = (1 + R_2/R_1) v_{in} \to v_{in}$ となる．

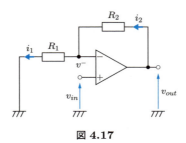

図 4.17

表 4.2 オペアンプの応用回路

(1) 反転増幅回路 出力の位相が反転する増幅回路. $$v_{out} = -\frac{R_2}{R_1}v_{in}$$	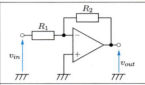
(2) 非反転増幅回路 出力の位相が反転しない増幅回路. $$v_{out} = \left(1 + \frac{R_2}{R_1}\right)v_{in}$$	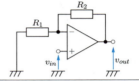
(3) 加算回路 複数の入力に任意の係数をかけて加算する回路. $R_1 = R_2 = R_f$ のときは単純な加算回路になる. $$v_{out} = -R_f\left(\frac{v_1}{R_1} + \frac{v_2}{R_2}\right)$$	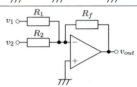
(4) 減算回路 2つの入力信号に任意の係数をかけて減算する回路. $$v_{out} = k(v_2 - v_1)$$	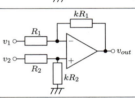
(5) 積分回路 入力された信号の時間方向の積分を計算する回路. $$v_{out} = -\frac{1}{RC}\int v_{in}\,dt$$	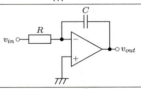
(6) 微分回路 入力された信号の時間微分を計算する回路. $$v_{out} = -RC\frac{dv_{in}}{dt}$$	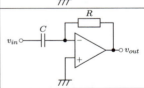
(7) インピーダンス変換回路 入力側からはインピーダンス無限大の負荷,出力側は内部インピーダンス 0 の電圧源にみえる回路.出力は,常に入力を追従するため,電圧フォロワとよばれる. $$v_{out} = v_{in}$$	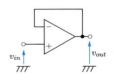

例題 4.8
積分回路において，オペアンプは理想的であり，かつ仮想短絡が成り立つとして，次式を証明せよ．
$$v_{out} = -\frac{1}{RC}\int v_{in}dt$$

解答 仮想短絡の条件より $v^- = 0$ であり，R の電流は図 4.18 より $i_R = v_{in}/R$ である．また，オペアンプの入力インピーダンスは無限大であることから，オペアンプへの流入出電流は 0 で，R の電流がそのまま C に流れ $i_C = i_R$ となる．C の両端電位差 v_C を図 4.18 の矢印のように定義すると $v_C = v^- - v_{out} = -v_{out}$ となり，これよりコンデンサの電荷 q は次式となる．

$$q = Cv_C = -Cv_{out}$$

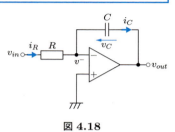

図 4.18

コンデンサの蓄積電荷 q の時間変化が i_C であるので†，次式が成り立つ．
$$i_C = \frac{dq}{dt} = -C\frac{dv_{out}}{dt}$$
以上より，
$$\frac{v_{in}}{R} = -C\frac{dv_{out}}{dt}$$
となり，両辺を積分して v_{out} について整理すると，与式が得られる．
$$v_{out} = -\frac{1}{RC}\int v_{in}dt$$

4.3 発振回路

正弦波などの周期的な信号を生成する回路を**発振回路**という．本節では発振回路の原理とさまざまな発振回路について説明する．

4.3.1 発振回路の原理

発振回路は回路内の微弱な熱雑音を種として正弦波を生成する．熱雑音の中にはさまざまな周波数の正弦波が含まれているため，この中から必要な周波数成分のみを選択して成長させることで，純粋な正弦波を生成できる．

図 4.19(a) に一般的な発振回路のブロック図を示す．発振回路は，増幅回路 A とそ

---
† 1.1.4 項参照．

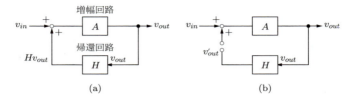

図 4.19 発振回路の原理

の出力を入力に戻す帰還回路 H で構成される閉ループ回路である．この回路では，まず回路内の熱雑音で生まれたさまざまな周波数の微小な信号が増幅回路により増幅され，その出力が帰還回路で戻される．このとき，入力が戻るまでの時間がちょうど1周期分に相当する信号成分は，元の信号と同じ位相となって増幅され，これが繰り返されて成長する．一方，この条件を満たさない信号成分は，入力に戻っても元の信号と異なる位相で合成されるため弱め合いが生じ，ループ内を通過している間に消失する．これが発振の原理である．

以下，回路内の信号（電圧または電流）を複素数で表現するとし，回路定数である A や H も複素数とする．この回路において図 4.19(b) のようにループを切り，v'_{out} を定義すると，$A = v_{out}/v_{in}$ および $H = v'_{out}/v_{out}$ より

$$v'_{out} = HAv_{in} \tag{4.22}$$

が成り立つ．このとき $HA = v'_{out}/v_{in}$ をオープンループ利得という．このオープンループ利得が次の条件を満足すると，元の閉ループ回路は発振する．

$$\mathrm{Im}(HA) = 0 \tag{4.23}$$
$$\mathrm{Re}(HA) \geqq 1 \tag{4.24}$$

式 (4.23) は周波数条件とよばれ，回路出力の遅延がちょうど1周期となる条件で，この条件から生成される正弦波の周波数が決まる．これを発振周波数という．式 (4.24) は振幅条件とよばれ，帰還回路で減衰した信号を強め，元の信号と同じかそれ以上に強めることで発振を維持するための条件である．2つの条件を合わせて発振条件という．

4.3.2 さまざまな発振回路
(1) RC 発振回路

帰還回路に R と C を用いた回路を RC 発振回路という．図 4.20(a) に RC 発振回路の1つであるウィーンブリッジ発振回路を示す．

ウィーンブリッジ発振回路の点 x においてループを切断し v'_{out} を定義すると，図

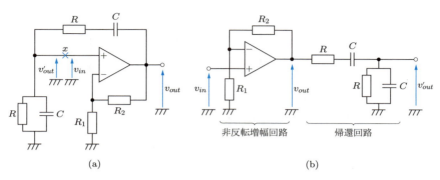

図 4.20 ウィーンブリッジ発振回路

4.20(b) となる．増幅回路として非反転増幅回路が用いられており，v_{in} と v_{out} は次式を満たす．

$$A = \frac{v_{out}}{v_{in}} = 1 + \frac{R_2}{R_1} \tag{4.25}$$

また，帰還回路においては $Z_1 = R + 1/j\omega C$，$Z_2 = R//(1/j\omega C) = R/(1 + j\omega RC)$ とすると，v_{out} と v'_{out} は次式を満たす．

$$H = \frac{v'_{out}}{v_{out}} = \frac{Z_2}{Z_1 + Z_2} = \frac{1}{3 + j\left(\omega RC - \dfrac{1}{\omega RC}\right)} \tag{4.26}$$

以上より，オープンループ利得 HA は次式となる．

$$HA = \frac{1 + \dfrac{R_2}{R_1}}{3 + j\left(\omega RC - \dfrac{1}{\omega RC}\right)} \tag{4.27}$$

したがって，周波数条件は，

$$\omega RC - \frac{1}{\omega RC} = 0 \tag{4.28}$$

と書け，これより $\omega = 2\pi f$ の関係から発振周波数は，

$$f = \frac{1}{2\pi RC} \tag{4.29}$$

のように決まる．また，振幅条件は，

$$\frac{1}{3}\left(1 + \frac{R_2}{R_1}\right) \geq 1 \tag{4.30}$$

より，$R_1 \geq 2R_2$ と求められる．

例題 4.9 図 4.21 のウィーンブリッジ発振回路のオープンループ利得は次式で与えられる．発振周波数と振幅条件を求めよ．

$$HA = \frac{1+\dfrac{R_2}{R_1}}{1+\dfrac{C_a}{C_b}+\dfrac{R_b}{R_a}+j\left(\omega R_b C_a - \dfrac{1}{\omega R_a C_b}\right)} \quad (4.31)$$

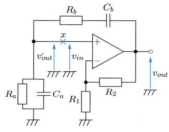

図 4.21

解答 $\mathrm{Im}[HA]=0$ より次式が得られる．

$$\omega R_b C_a - \frac{1}{\omega R_a C_b} = 0$$

したがって，$\omega = 2\pi f$ の関係から発振周波数は次式となる．

$$f = \frac{1}{2\pi\sqrt{R_a R_b C_a C_b}}$$

振幅条件は $\mathrm{Re}[HA] \geqq 1$ より次式となる．

$$\frac{1+\dfrac{R_2}{R_1}}{1+\dfrac{C_a}{C_b}+\dfrac{R_b}{R_a}} \geqq 1$$

答え 発振周波数：$f = 1/2\pi\sqrt{R_a R_b C_a C_b}$，振幅条件：$R_2/R_1 \geqq C_a/C_b + R_b/R_a$

(2) LC 発振回路

帰還回路に L と C を用いた回路を **LC 発振回路** という．図 4.22 に LC 発振回路の例を示す．ここで，Z_1, Z_2, Z_3 はコンデンサまたはコイルである．交流成分のみを考えるために，直流電源を短絡除去，C_c および C_e は十分大きいと考えて短絡除去，L は十分大きいと考えて開放除去すると，図 4.23(a) の交流等価回路が得られる．また，信号の振幅が十分小さいと考えると，図 (b) の小信号等価回路が得られる．さらに，$R_B \gg h_{ie}$ として R_B を開放除去して整理すると，図 (c) の回路が得られる．

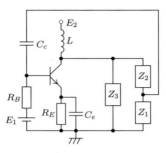

図 4.22 LC 発振回路

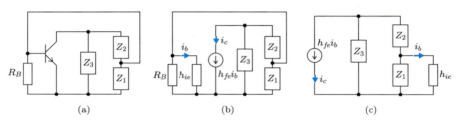

図 4.23 LC 発振回路の等価回路

ここで，

$$i_c = h_{fe} i_b \tag{4.32}$$

であり，また，図 (c) より次式が成り立つ．

$$i_b = -\frac{Z_1 Z_3}{(Z_3 + Z_2)Z_1 + h_{ie}(Z_1 + Z_2 + Z_3)} i_c \tag{4.33}$$

式 (4.32) を増幅回路 ($A = i_c/i_b$)，式 (4.33) を帰還回路 ($H = i'_c/i_c$，ただし，$i'_c = i_b$) の関係式であると考えると，次式はオープンループ利得と考えられる．

$$HA = -\frac{h_{fe} Z_1 Z_3}{(Z_3 + Z_2)Z_1 + h_{ie}(Z_1 + Z_2 + Z_3)} \tag{4.34}$$

いま，Z_1，Z_2，Z_3 は C または L として $Z_1 = jX_1$，$Z_2 = jX_2$，$Z_3 = jX_3$ とすると，式 (4.34) は次式となる．

$$HA = \frac{h_{fe} X_1 X_3}{-(X_3 + X_2)X_1 + jh_{ie}(X_1 + X_2 + X_3)} \tag{4.35}$$

以上より，周波数条件は

$$X_1 + X_2 + X_3 = 0 \tag{4.36}$$

となり，また，振幅条件は次のようになる．

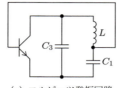 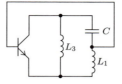

(a) コルピッツ発振回路　　　(b) ハートレー発振回路

図 **4.24**

$$h_{fe}\frac{X_3}{X_1} \geq 1 \tag{4.37}$$

Z_1 をコンデンサ C_1，Z_2 をコイル L，Z_3 をコンデンサ C_3 にした回路を**コルピッツ発振回路**，Z_1 をコイル L_1，Z_2 をコンデンサ C，Z_3 をコイル L_3 にした回路を**ハートレー発振回路**という．図 4.24 にそれぞれの交流等価回路を示す．

例題 4.10 コルピッツ発振回路の発振周波数と振幅条件を求めよ．

解答 $Z_1 = 1/j\omega C_1$, $Z_2 = j\omega L$, $Z_3 = 1/j\omega C_3$ より，$X_1 = -1/\omega C_1$, $X_2 = \omega L$, $X_3 = -1/\omega C_3$ となり，周波数条件 (4.36) より

$$\omega L - \left(\frac{1}{\omega C_1} + \frac{1}{\omega C_3}\right) = 0$$

が導かれ，以上より発振周波数は以下のように求められる．

$$f = \frac{1}{2\pi}\sqrt{\frac{C_1 + C_3}{LC_1C_3}}$$

また，振幅条件は式 (4.37) より以下となる．

$$h_{fe} \geq \frac{C_3}{C_1}$$

答え 発振周波数：$f = \dfrac{1}{2\pi}\sqrt{\dfrac{C_1 + C_3}{LC_1C_3}}$, 振幅条件：$h_{fe} \geq \dfrac{C_3}{C_1}$

補足 D

D.1 入出力インピーダンス

増幅回路の**入力インピーダンス** Z_i は，その前段の信号源からみた増幅回路のインピーダンスである．図 4.25 に示すように，信号源にとって増幅回路は負荷であり，そのインピーダンスが小さいと多くの電流を流す必要が生じる．もし，入力インピーダンスが無限に大きければ，信号源にとって増幅回路は存在しないに等しく，ほとんど電流を流す必要がなくなる．多くの電流を出力できない信号源にとって，**増幅回路の入力インピーダンスはできるだけ高いことが望ましい**．

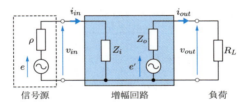

図 4.25　入出力インピーダンスの意味

一方，増幅回路の**出力インピーダンス** Z_o は，その後段の負荷からみた増幅回路のインピーダンスである．テブナンの定理で考えるとわかるように，負荷からみた増幅回路は図 4.25 のように電圧源 e' と**内部インピーダンス** Z_o の電源にみえる．もし，その内部インピーダンスが大きいと，多くの電流が流れたとき出力電圧 v_{out} の低下が生じてしまう．逆に，その内部インピーダンスが無限に小さければ，負荷にとって増幅回路は理想電源であり，多くの電流が流れても出力電圧の低下が生じない．多くの電流が流れる小さな R_L の負荷にとって，**増幅回路の出力インピーダンスはできるだけ低いことが望ましい**．

章 末 問 題

4.1 以下回路の A_v, A_i, Z_i, Z_o を h パラメータを用いて求めよ．ただし，$h_{re} = h_{oe} = 0$ とし，コレクタ接地増幅回路の A_v については $R_L \gg h_{ie}/(1+h_{fe})$，ベース接地増幅回路の A_i については $h_{fe} \gg 1$ として近似せよ．
(1) 図 4.3（上段）のコレクタ接地増幅回路
(2) 図 4.3（上段）のベース接地増幅回路の基本回路

4.2 次の回路について出力インピーダンス Z_o を求めよ．
(1) 例題 4.2 の図 4.6(a) の回路　　　(2) 例題 4.3 の図 4.8 の回路

4.3 図 4.26 のエミッタ接地増幅回路の A_v, A_i, Z_i, Z_o を h パラメータを用いて求めよ．ただし，$h_{re} = h_{oe} = 0$ とし，コンデンサは十分大きいものとせよ．

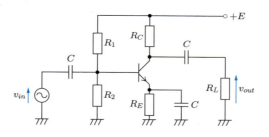

図 4.26

4.4 図 4.27(a) のコレクタ接地増幅回路および図 (b) のベース接地増幅回路の A_v, A_i, Z_i, Z_o を h パラメータを用いて求めよ．ただし，$h_{re} = h_{oe} = 0$ とし，コンデンサは十分大きいものとせよ．また，図 (a) の A_v については $R_E // R_L \gg h_{ie}/(1+h_{fe})$，図 (b) の A_i につ

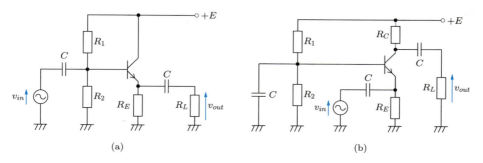

図 4.27

いては $h_{fe} \gg 1$ として近似せよ．

4.5 図 4.11(a) の自己バイアス回路および図 (b) の電圧帰還バイアス回路の直流等価回路について，h_{FE} が $h_{FE1} = 200$ から $h_{FE2} = 400$ に変化したとき，I_C はどの程度変化するか．$\Delta h_{FE}/h_{FE1}$ と $\Delta I_C/I_{C1}$ を比較して答えよ．ただし，$\Delta h_{FE} = h_{FE2} - h_{FE1}$，$\Delta I_C = I_{C2} - I_{C1}$，$I_{C1}$ と I_{C2} は h_{FE1}，h_{FE2} のときの I_C とし，その他のパラメータは以下のとおりとせよ．

(1) $R_B = 4\,\mathrm{M\Omega}$，$R_C = 10\,\mathrm{k\Omega}$，$E = 15\,\mathrm{V}$
(2) $R_B = 1\,\mathrm{M\Omega}$，$R_C = 10\,\mathrm{k\Omega}$，$E = 15\,\mathrm{V}$

4.6 表 4.2 の加算回路，減算回路，微分回路において，仮想短絡が仮定できるとして，各式が成り立つことを示せ．

(1) 加算回路：$v_{out} = -R_f(v_1/R_1 + v_2/R_2)$
(2) 減算回路：$v_{out} = k(v_2 - v_1)$
(3) 微分回路：$v_{out} = -RC\,dv_{in}/dt$

4.7 図 4.28 を RC 移相形発振回路という．この回路において，$R_1 \gg R$ のときオープンループ利得は次式で与えられる．発振周波数と振幅条件を求めよ．

$$HA = \dfrac{\dfrac{R_2}{R_1}(\omega RC)^2}{5 - (\omega RC)^2 + j\left(6\omega RC - \dfrac{1}{\omega RC}\right)}$$

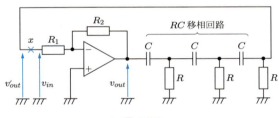

図 4.28

4.8 ハートレー発振回路の発振周波数と振幅条件を求めよ．

5 デジタル回路

5.1 デジタル回路の基礎

5.1.1 アナログ回路とデジタル回路

電子回路に電流が流れると部品の温度が上昇し，熱雑音（ノイズ）とよばれる不要信号が回路内の信号に必ず重畳される．前章のトランジスタやオペアンプの回路は**入力信号の変化に対して出力信号が連続的に変化する回路**であるため，わずかなノイズに対しても出力が変化する．とくに，これらの回路を多段に接続した大規模な回路ではノイズの影響が大きく，設計どおりの性能を達成することは容易ではない．

一方，**入力信号の変化に対して出力信号が離散的に変化する回路**の場合，少々のノイズでは出力は変化しない．そのため，多段接続した大規模な回路でもノイズの影響を受けにくい．信号を有限個の離散値に限定して考える回路をデジタル回路 (digital circuit)，離散的な信号をデジタル信号という．通常，デジタル信号はある値より高い (High) か低い (Low) かの 2 値と考える場合が多い．これに対して先に述べた回路のように信号を離散値に限定せず連続値のまま用いる回路をアナログ回路 (analog circuit)，連続的な信号をアナログ信号という．

5.1.2 2 進数

0 から 9 までの 10 種の文字で数で表す方法を 10 進数表現という．文字が 10 種しかないため，9 を超える数を表現するときは 10，11，... のように桁を増やして表す．同様に，0 か 1 の 2 種の文字で数を表す方法を 2 進数表現という．2 から 9 までの文字を使わないため，0，1 の次は 10，11 となり，その次は 100，101 と続く．文字種が少ないため桁が多くなるが，2 値であるため High と Low の 2 値しかないデジタル回路にとって都合がよい．ただし，2 進数は人にとってはわかりにくいため，8 進数や 16 進数が使われることもある．

表 5.1 に 10，2，8，16 進数の対応関係を示す．16 進数の場合は文字が不足するため，10 から 15 の数を表す文字として A から F を用いる．2 進数と 10 進数が混在する場合は，たとえば，2 進数の数値には $1101_{(2)}$ のように後ろに (2) をつけて区別す

126 第 5 章 デジタル回路

表 5.1 各進数の対応関係

10 進数	2 進数	8 進数	16 進数	10 進数	2 進数	8 進数	16 進数
0	0	0	0	8	1000	10	8
1	1	1	1	9	1001	11	9
2	10	2	2	10	1010	12	A
3	11	3	3	11	1011	13	B
4	100	4	4	12	1100	14	C
5	101	5	5	13	1101	15	D
6	110	6	6	14	1110	16	E
7	111	7	7	15	1111	17	F

る[†]．2 進数の桁数は**ビット (bit)** という単位で数える．また，8 bit（8 桁）の 2 進数を**バイト (byte)** という単位で数える．

n bit の 2 進数を $b_{n-1} \cdots b_1 b_0$ と表するとき，この数の 10 進数 D は

$$D = b_{n-1} \cdot 2^{n-1} + \cdots + b_1 \cdot 2^1 + b_0 \cdot 2^0 \tag{5.1}$$

となる．たとえば，$100111_{(2)}$ は $n = 6$ bit であるので

$$D = 1 \cdot 2^5 + 0 \cdot 2^4 + 0 \cdot 2^3 + 1 \cdot 2^2 + 1 \cdot 2^1 + 1 \cdot 2^0$$
$$= 32 + 4 + 2 + 1 = 39 \tag{5.2}$$

である．また，逆に 10 進数の 39 が与えられたとき，その 2 進数は図 5.1 のように計算し，下から順に 1，0，0，$\cdots$ を並べることで $100111_{(2)}$ が得られる．

$$
\begin{array}{r}
2)\underline{39} \quad \cdots 1 \\
2)\underline{19} \quad \cdots 1 \\
2)\underline{9} \quad \cdots 1 \\
2)\underline{4} \quad \cdots 0 \\
2)\underline{2} \quad \cdots 0 \\
1
\end{array}
$$

図 5.1 10 進数から 2 進数への変換

計算機で符号つきの数値（正だけでなく負の数値も含む）を扱う際は，**2 の補数**表現を用いる．この方法では，2 進数の**最上位桁の重み 2^{n-1} を -2^{n-1} と考える**．先の例の $100111_{(2)}$ を 6 bit の 2 の補数として解釈すると，

$$D = 1 \cdot (-2^5) + 0 \cdot 2^4 + 0 \cdot 2^3 + 1 \cdot 2^2 + 1 \cdot 2^1 + 1 \cdot 2^0$$
$$= -32 + 4 + 2 + 1 = -25 \tag{5.3}$$

[†] 本来，10 進数の数値には $9_{(10)}$ のように (10) をつけるべきであるが，記述が煩雑になるので本書では 10 進数には括弧数字をつけない．

5.1 デジタル回路の基礎　**127**

となる．逆に，負の 10 進数が与えられたとき，これを n bit の 2 進数にするには次の手順で変換する．

① 与えられた 10 進数の絶対値を n bit の 2 進数にする

② 各 bit を反転する

③ 1 を加える

たとえば，-25 を 6 bit の 2 の補数で表現する場合，

① $|-25|$ を 6 bit の 2 進数にすると $011001_{(2)}$

② 各 bit を反転させると $100110_{(2)}$

③ 1 を加えると $100111_{(2)}$

となり，元の 2 進数が得られる．

例題 5.1　次の問いに答えよ．

(1) 157 および 255 を 8 bit の 2 進数に変換せよ．

(2) -62 を 8 bit の 2 の補数に変換せよ．

(3) 4 bit の 2 の補数を用いて表現可能な最大値と最小値を 10 進数で答えよ．

解答　(1) 図 5.2 より，$157 = 10011101_{(2)}$，$255 = 11111111_{(2)}$．

答え　$157 = 10011101_{(2)}$，$255 = 11111111_{(2)}$

$$
\begin{array}{ll}
2)\underline{\ 157\ } & \cdots 1 \\
2)\underline{\ \ 78\ } & \cdots 0 \\
2)\underline{\ \ 39\ } & \cdots 1 \\
2)\underline{\ \ 19\ } & \cdots 1 \\
2)\underline{\ \ \ 9\ } & \cdots 1 \\
2)\underline{\ \ \ 4\ } & \cdots 0 \\
2)\underline{\ \ \ 2\ } & \cdots 0 \\
\quad\ 1 &
\end{array}
\qquad
\begin{array}{ll}
2)\underline{\ 255\ } & \cdots 1 \\
2)\underline{\ 127\ } & \cdots 1 \\
2)\underline{\ \ 63\ } & \cdots 1 \\
2)\underline{\ \ 31\ } & \cdots 1 \\
2)\underline{\ \ 15\ } & \cdots 1 \\
2)\underline{\ \ \ 7\ } & \cdots 1 \\
2)\underline{\ \ \ 3\ } & \cdots 1 \\
\quad\ 1 &
\end{array}
$$

図 5.2

(2) $|-62| = 00111110_{(2)}$．各 bit を反転して $11000001_{(2)}$．1 を加えて $11000010_{(2)}$．

答え　$11000010_{(2)}$

(3) 4 bit の 2 の補数を $b_3 b_2 b_1 b_0$ とするとき，その 10 進数は $b_3 \cdot (-8) + b_2 \cdot 4 + b_2 \cdot 2 + b_0$ であるので，最大値は $0111_{(2)} = 7$，最小値は $1000_{(2)} = -8$ となる．

答え　最大値は 7，最小値は -8

128 第5章 デジタル回路

5.1.3 ブール代数

ブール代数は2値論理の問題を数学的に扱う方法の1つで，デジタル回路の設計に必要な基礎を与える．ブール代数では0または1の2値のみを用いる．これらの値を論理値または真理値という．論理値を代入する変数を論理変数，論理変数に対する演算を論理演算，論理変数と論理演算によって定義される式を論理式または論理関数という．さらに，演算結果の表を真理値表という．

基本的な論理演算とその真理値表を表5.2に示す．

- 否定 (**NOT**) $\overline{A}$：論理値の反転
- 論理積 (**AND**) $A \cdot B$（・は省略可）：2つの論理値がともに1のときのみ1
- 論理和 (**OR**) $A + B$：2つの論理値がともに0のとき以外1

このほかに，以下の演算はデジタル回路でよく用いられる論理演算で，NOT，AND，OR を組み合わせで構成できる．

- **NAND** (Not AND)：$\overline{A \cdot B}$
- **NOR** (Not OR)：$\overline{A + B}$
- **XOR** (eXclusive OR)：$A \oplus B = A \cdot \overline{B} + \overline{A} \cdot B$

とくに，XOR は排他的論理和といわれ，$A \oplus B$ の記号が用いられる．

表5.3は，ブール代数で成り立つおもな基本法則である．それぞれの法則は真理値表まはた集合論におけるベン図によって容易に証明できる．なお，通常の数学と同様，論理積は論理和より演算の優先順位が高い．また，論理積の記号・は省略可能である．

表 5.2 基本的な論理演算

(a) 否定 (NOT)

A	$\overline{A}$
0	1
1	0

(b) 論理積 (AND)

A	B	$A \cdot B$
0	0	0
0	1	0
1	0	0
1	1	1

(c) 論理和 (OR)

A	B	$A + B$
0	0	0
0	1	1
1	0	1
1	1	1

(d) NAND

A	B	$\overline{A \cdot B}$
0	0	1
0	1	1
1	0	1
1	1	0

(e) NOR

A	B	$\overline{A + B}$
0	0	1
0	1	0
1	0	0
1	1	0

(f) XOR

A	B	$A \oplus B$
0	0	0
0	1	1
1	0	1
1	1	0

5.1 デジタル回路の基礎　**129**

表 5.3　ブール代数のおもな基本法則

零元	$A + 0 = A,\quad A \cdot 0 = 0$
単位元	$A + 1 = 1,\quad A \cdot 1 = A$
補元則	$A + \overline{A} = 1,\quad A \cdot \overline{A} = 0$
べき等則	$A + A = A,\quad A \cdot A = A$
交換則	$A + B = B + A,\quad A \cdot B = B \cdot A$
結合則	$A + (B + C) = (A + B) + C,\quad A \cdot (B \cdot C) = (A \cdot B) \cdot C$
分配則	$A \cdot (B + C) = A \cdot B + A \cdot C,\quad A + (B \cdot C) = (A + B) \cdot (A + C)$
吸収則	$A + (A \cdot B) = A,\quad A \cdot (A + B) = A$
二重否定	$\overline{\overline{A}} = A$
ド・モルガンの定理	$\overline{A + B} = \overline{A} \cdot \overline{B},\quad \overline{A \cdot B} = \overline{A} + \overline{B}$

例題 5.2　NAND，NOR，XOR の定義式から，それぞれの真理値表を求めよ．

(1)　$Z_1 = \overline{A \cdot B}$　（NAND）

(2)　$Z_2 = \overline{A + B}$　（NOR）

(3)　$Z_3 = A \oplus B = A \cdot \overline{B} + \overline{A} \cdot B$　（XOR）

解答　表 5.4 に計算結果を示す．NAND は論理積の否定をとる演算で，まず論理積 $A \cdot B$ を求め，その後否定を計算して Z_1 を得る．NOR は論理和の否定をとる演算で，まず論理和 $A + B$ を求め，その後否定を計算して Z_2 を得る．XOR はまず A と $\overline{B}$ の論理積，および $\overline{A}$ と B の論理積をそれぞれ求め，2 つの論理積の論理和をとることで Z_3 を得る．

答え　表 5.4

注意　XOR は，A と B が異なるとき 1 となる演算であることがわかる[†]．

表 5.4

A	B	$A \cdot B$	Z_1(NAND)	$A + B$	Z_2(NOR)	$A\overline{B}$	$\overline{A}B$	Z_3(XOR)
0	0	0	1	0	1	0	0	0
0	1	0	1	1	0	0	1	1
1	0	0	1	1	0	1	0	1
1	1	1	0	1	0	0	0	0

例題 5.3　次式を証明せよ．

(1)　$\overline{A + B} = \overline{A} \cdot \overline{B}$

(2)　$A + (A \cdot B) = A$

(3)　$A + (B \cdot C) = (A + B) \cdot (A + C)$

解答　いずれも式を各項ごとに分解して真理値表を書くことで証明できる．

[†]　XOR の真理値表は，入力 A，B を 10 進数と考えて $A + B$ を 2 で割った余りと覚える．

130 第 5 章　デジタル回路

表 5.5

A	B	$A+B$	左辺	$\overline{A}$	$\overline{B}$	右辺
0	0	0	1	1	1	1
0	1	1	0	1	0	0
1	0	1	0	0	1	0
1	1	1	0	0	0	0

表 5.6

A	B	$A \cdot B$	左辺	右辺
0	0	0	0	0
0	1	0	0	0
1	0	0	1	1
1	1	1	1	1

表 5.7

A	B	C	$(B \cdot C)$	左辺	$A+B$	$A+C$	右辺
0	0	0	0	0	0	0	0
0	0	1	0	0	0	1	0
0	1	0	0	0	1	0	0
0	1	1	1	1	1	1	1
1	0	0	0	1	1	1	1
1	0	1	0	1	1	1	1
1	1	0	0	1	1	1	1
1	1	1	1	1	1	1	1

(1) 両辺の真理値表は表 5.5 のとおりになる．表より左辺 = 右辺である．

(2) 両辺の真理値表は表 5.6 のとおりになる．表より左辺 = 右辺である．

(3) 両辺の真理値表は表 5.7 のとおりになる．表より左辺 = 右辺である．

例題 5.4　次の問いに答えよ．

(1) $Z = A + B$ を論理和を使わない論理式に変形せよ．

(2) $Z = \overline{A}BC + A\overline{B}C + AB\overline{C} + ABC$ を，べき等則 $ABC = ABC + ABC + ABC$ を用いて否定を使わない論理式に変形せよ．

解答 (1)　両辺の否定を求め，右辺にド・モルガンの定理を適用すると，$\overline{Z} = \overline{A + B} = \overline{A} \cdot \overline{B}$ となる．よって，$Z = \overline{\overline{A} \cdot \overline{B}}$.

答え $Z = \overline{\overline{A} \cdot \overline{B}}$

(2)　べき等則 $ABC = ABC + ABC + ABC$ より，

$$Z = \overline{A}BC + A\overline{B}C + AB\overline{C} + ABC + ABC + ABC$$

$$= (\overline{A} + A)BC + A(\overline{B} + B)C + AB(\overline{C} + C) = BC + AC + AB$$

答え $Z = BC + AC + AB$

5.1.4　論理回路

ブール代数の各演算を電子回路で実現した回路素子を論理素子，論理素子を組み合わせてできる回路を論理回路という．ブール代数の NOT, AND, OR, NAND, NOR, XOR の各演算に対応する論理素子の記号を図 5.3 に示す．

5.1 デジタル回路の基礎 **131**

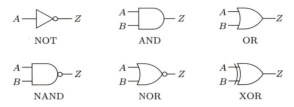

図 5.3 論理素子の記号

> 例題 5.5　図 5.4 の論理回路の論理式と真理値表を求めよ．
>
>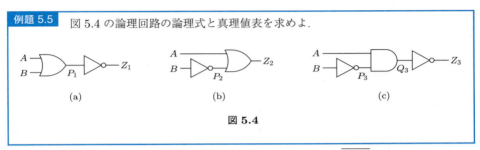
>
> **図 5.4**

解答 論理式は (a) $Z_1 = \overline{A+B}$, (b) $Z_2 = A + \overline{B}$, (c) $Z_3 = \overline{A \cdot \overline{B}}$. 真理値表は表 5.8 に示すように，各論理素子の出力を順次求めることで回路の出力を求められる．

答え 論理式：(a) $Z_1 = \overline{A+B}$, (b) $Z_2 = A + \overline{B}$, (c) $Z_3 = \overline{A \cdot \overline{B}}$ 真理値表：表 5.8

表 5.8

A	B	P_1	Z_1	P_2	Z_2	P_3	Q_3	Z_3
0	0	0	1	1	1	1	0	1
0	1	1	0	0	0	0	0	1
1	0	1	0	1	1	1	1	0
1	1	1	0	0	1	0	0	1

2 入力 1 出力の論理回路（真理値表）は，表 5.9 に示すとおり全部で 16 通り考えられる．この中には AND(f_8)，OR(f_E)，NAND(f_7)，NOR(f_1)，XOR(f_6) も含まれる．これらの論理回路はいずれも NOT，AND，OR の組み合わせで構成できる．以下にその構成法を説明する．

表 5.9 2 変数の論理演算

A	B	f_0	f_1	f_2	f_3	f_4	f_5	f_6	f_7	f_8	f_9	f_A	f_B	f_C	f_D	f_E	f_F
0	0	0	1	0	1	0	1	0	1	0	1	0	1	0	1	0	1
0	1	0	0	1	1	0	0	1	1	0	0	1	1	0	0	1	1
1	0	0	0	0	0	1	1	1	1	0	0	0	0	1	1	1	1
1	1	0	0	0	0	0	0	0	0	1	1	1	1	1	1	1	1

132 第5章 デジタル回路

表5.10に示す $\overline{A}\,\overline{B}$, $\overline{A}B$, $A\overline{B}$, AB は，$(A, B) = (0, 0)$，$(0, 1)$，$(1, 0)$，$(1, 1)$ の
それぞれのときのみ1となる論理積の項である．この3つの項を適宜組合せ，論理和
で足し合わせることで，f_0 から f_F のいずれの演算でも構成できる．たとえば，f_9 は
$(A, B) = (0, 0)$ と $(1, 1)$ のとき，f_B は $(A, B) = (0, 0)$ と $(0, 1)$ と $(1, 1)$ のとき1と
なる．したがって，

$$f_9 = \overline{A}\,\overline{B} + AB \tag{5.4}$$

$$f_B = \overline{A}\,\overline{B} + \overline{A}B + AB \tag{5.5}$$

のように，NOT，AND，OR で構成できる（表5.11参照）．

表 5.10 任意の論理演算を構成する
ための積項（2変数）

A	B	$\overline{A}\,\overline{B}$	$\overline{A}B$	$A\overline{B}$	AB
0	0	1	0	0	0
0	1	0	1	0	0
1	0	0	0	1	0
1	1	0	0	0	1

表 5.11 f_9 と f_D の構成

A	B	$\overline{A}\,\overline{B}$	AB	f_9	$\overline{A}\,\overline{B}$	$\overline{A}B$	AB	f_B
0	0	1	0	1	1	0	0	1
0	1	0	0	0	0	1	0	1
1	0	0	0	0	0	0	0	0
1	1	0	1	1	0	0	1	1

　任意の真理値表を満たす論理式（論理回路）を作るために必要な演算の組を，完全系という．(NOT, AND, OR) は，これらの演算があれば，先の説明のとおり任意の
真理値表を満たす論理式を作ることができるため，完全系であるといえる．このほか
の完全系として (NOT, AND) や (NOT, OR) がある．また，(NAND) や (NOR) は
それ1種類で任意の真理値表を満たす論理式を構成できる完全系である．

例題 5.6　表5.12の真理値表を満たす論理式 Z_1，Z_2，Z_3 を NOT，AND，OR を用い
て構成せよ．

表 5.12

A	B	Z_1	A	B	C	Z_2	Z_3
0	0	1	0	0	0	0	0
0	1	0	0	0	1	1	1
1	0	1	0	1	0	0	1
1	1	1	0	1	1	0	1
			1	0	0	1	0
			1	0	1	1	1
			1	1	0	0	0
			1	1	1	0	1

5.1 デジタル回路の基礎　**133**

解答 Z_1 は $(A, B) = (0,0),(1,0),(1,1)$ のときに 1 となる．よって，表 5.10 より次の論理式で表される．

$$Z_1 = \overline{A}\,\overline{B} + A\overline{B} + AB$$

Z_2 と Z_3 は 3 変数の論理式である．3 変数の論理式は，表 5.13 の真理値表に示す $\overline{A}\,\overline{B}\,\overline{C}$，$\overline{A}\,\overline{B}\,C$，$\overline{A}\,B\,\overline{C}$，$\overline{A}\,B\,C$，$A\,\overline{B}\,\overline{C}$，$A\,\overline{B}\,C$，$A\,B\,\overline{C}$，$A\,B\,C$ の 8 個の積の項の組み合わせで構成できる．

表 5.13　任意の論理演算を構成するための積項（3 変数）

A	B	C	$\overline{A}\,\overline{B}\,\overline{C}$	$\overline{A}\,\overline{B}\,C$	$\overline{A}\,B\,\overline{C}$	$\overline{A}\,B\,C$	$A\,\overline{B}\,\overline{C}$	$A\,\overline{B}\,C$	$A\,B\,\overline{C}$	$A\,B\,C$
0	0	0	1	0	0	0	0	0	0	0
0	0	1	0	1	0	0	0	0	0	0
0	1	0	0	0	1	0	0	0	0	0
0	1	1	0	0	0	1	0	0	0	0
1	0	0	0	0	0	0	1	0	0	0
1	0	1	0	0	0	0	0	1	0	0
1	1	0	0	0	0	0	0	0	1	0
1	1	1	0	0	0	0	0	0	0	1

Z_2 は $(A, B, C) = (0,0,1),(1,0,0),(1,0,1)$ のときに 1 となる．よって，表 5.13 より次の論理式で表される．

$$Z_2 = \overline{A}\,\overline{B}C + A\overline{B}\,\overline{C} + A\overline{B}C \tag{5.6}$$

Z_3 は $(A, B, C) = (0,0,1),(0,1,0),(0,1,1),(1,0,1),(1,1,1)$ のときに 1 となる．よって，表 5.13 より次の論理式で表される．

$$Z_3 = \overline{A}\,\overline{B}C + \overline{A}B\overline{C} + \overline{A}BC + A\overline{B}C + ABC \tag{5.7}$$

答え　$Z_1 = \overline{A}\,\overline{B} + A\overline{B} + AB$, $Z_2 = \overline{A}\,\overline{B}C + A\overline{B}\,\overline{C} + A\overline{B}C$
$Z_3 = \overline{A}\,\overline{B}C + \overline{A}B\overline{C} + \overline{A}BC + A\overline{B}C + ABC$

例題 5.7　NAND 素子を用いて，以下の素子を構成せよ．
(1)　NOT 素子　　　　　(2)　AND 素子　　　　　(3)　OR 素子

解答 (1)　2 入力の NAND 素子は入力がともに 0 のときは 1，入力がともに 1 のときは 0 を出力する．よって，入力 A を 2 つに分岐して NAND に入力すれば NOT になる．

答え　図 5.5(a)

(2)　NAND は Not AND であり，AND 演算の結果を NOT を通した値を出力する．よって，その出力をもう一度 NOT に通せば AND と同じ結果を得られる．

答え　図 5.5(b)

(3)　ド・モルガンの定理 $\overline{A + B} = \overline{A} \cdot \overline{B}$ より，$A + B = \overline{\overline{A} \cdot \overline{B}}$ が得られる．ここで，

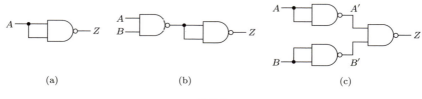

図 5.5

$\overline{A} = A'$, $\overline{B} = B'$ とすると $A + B = \overline{A' \cdot B'}$ となり，A と B の OR 演算は A' と B' の NAND 演算の結果と同じであることがわかる．

答え 図 5.5(c)

注意 (NOT, AND, OR) は完全系であり，それぞれの演算はすべて NAND で構成できることから，(NAND) はその演算 1 つだけで完全系であることが確認できる．

5.1.5 論理式の簡単化

ある論理式を満たす論理回路を設計する際，できるだけ簡単な式のほうが，回路化したときに回路面積や処理速度などの観点で有利となる．そこで，論理式の簡単化が重要となる．簡単化の基本は数学における因数分解であり，とくに論理演算の場合はブール代数の補元則とべき等則により通常の数学ではできない因数分解が可能となる．

以下では，次の式

$$Z = \overline{A}BC + AB \tag{5.8}$$

を例に，カルノー図を用いて式を簡単化する方法について説明する．

手順 1 主加法標準形　まず，式を積項の和の形式に変形する．ここで積項とは，式に含まれるすべての論理変数を含む論理積の項で，最小項とよばれる．式 (5.8) の場合，第 2 項には C が含まれていないため，$\overline{C} + C = 1$ の関係を用いて

$$Z = \overline{A}BC + AB(\overline{C} + C) = \overline{A}BC + AB\overline{C} + ABC \tag{5.9}$$

のように変形する．この式を主加法標準形という．

手順 2 カルノー図　式をカルノー図の形式で表現する．図 5.6 に 3 変数のカルノー図の考え方を示す．図 (a) に示すように，カルノー図の各マスは最小項の全通り（3 変数のときは 8 通り）に対応しており，隣り合うマスの項どうしが因数分解できるように配置されている．まず，手順 1 で得られた主加法標準形の式に含まれる最小項のみをマスに残す．式 (5.8) の場合，図 (b) のように①，②，③にのみ項が残る．

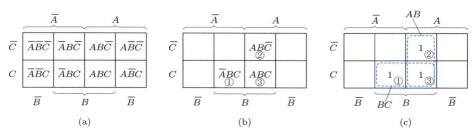

図 5.6 カルノー図による論理式の簡単化

次に，隣り合う項を因数分解する．この例の場合，①と③を因数分解して $(A + \overline{A})BC = BC$ のように A が消去される．同様に，②と③から AB が得られる．以上より，$Z = BC + AB = (A + C)B$ のような式が得られる[†]．

実際には，図 (a), (b) ではなく図 (c) を書き，すべての最小項に対応するマスに 1 を書き込み，隣り合う 1 どうしを丸で囲み（破線），それらのマスに共通の変数（①と③の場合 B と C）の積を機械的に抽出し，論理和で結合して解を得る．

> **例題 5.8** 例題 5.6 の真理値表を満たす論理式 Z_1, Z_2, Z_3 をカルノー図を用いて簡単化せよ．また，その式から論理回路を導け．

解答 例題 5.6 の答えはすべて主加法標準形となっている．

Z_1 は例題 5.6 の答えより

$$Z_1 = \overline{A}\,\overline{B} + A\overline{B} + AB$$

であるので，カルノー図（2 変数）は図 5.7(a) のように書ける．隣り合う①と②より $\overline{B}$，②と③より A が共通の変数として得られる．よって，$Z_1 = A + \overline{B}$ と書ける．また，この式から回路は図 (d) となる．

Z_2 は例題 5.6 の答えより

$$Z_2 = \overline{A}\,\overline{B}C + A\overline{B}\,\overline{C} + A\overline{B}C$$

であるので，カルノー図は図 5.7(b) のように書ける．隣り合う②と③より $A\overline{B}$ が得られ

[†] ここで，③は重複して使用されているが，べき等則より $ABC = ABC + ABC$ が成り立ち，加えて補元則 $\overline{A} + A = \overline{C} + C = 1$ の関係から

$$Z = \overline{A}BC + AB\overline{C} + ABC + ABC$$
$$= (\overline{A} + A)BC + AB(\overline{C} + C) = BC + AB$$

のような計算が可能であるため，重複使用に問題はない．カルノー図による解法は，この式変形を図によって行うことに相当する．

136 第 5 章 デジタル回路

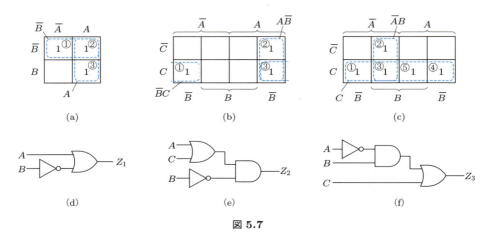

図 5.7

る．①はいずれとも隣り合っていなようにみえるが，式の第 1 項と第 3 項を因数分解すると $\overline{A}\,\overline{B}C + A\overline{B}C = \overline{B}C$ となるように，①と③より共通の変数 $\overline{B}$ と C が得られる．以上より，$Z_2 = A\overline{B} + \overline{B}C$ となる．さらに，$Z_2 = (A+C)\overline{B}$ と整理できることから，回路は図 (e) となる．

Z_3 は例題 5.6 の答えより

$$Z_3 = \overline{A}\,\overline{B}C + \overline{A}B\overline{C} + \overline{A}BC + A\overline{B}C + ABC$$

であるので，カルノー図は図 5.7(c) のように書ける．まず，隣り合う②と③より $\overline{A}B$ が得られる．次に，①，③，⑤，④から C が得られる．なぜなら，①と③より得られる $\overline{A}C$ と，⑤と④より得られる AC をまとめて，$\overline{A}C + AC = (\overline{A} + A)C = C$ となるからである．よって，$Z_3 = \overline{A}B + C$ と書ける．また，この式から回路は図 (f) となる．

答え 式：$Z_1 = A + \overline{B}$，回路：図 5.7(d)
式：$Z_2 = (A+C)\overline{B}$，回路：図 5.7(e)
式：$Z_3 = \overline{A}B + C$，回路：図 5.7(f)

注意 Z_3 のように，カルノー図において隣り合う 2 つの 1 の固まりが上下または左右に接触しているとき，それら全体を 1 つの固まりにして，それらに共通する変数を抽出することで，式をさらに簡単にできる．

例題 5.9 4 bit の 2 進数が入力される論理回路について，次の問いに答えよ．ただし，入力は最上位桁から A，B，C，D とする．
(1) 入力が 3 以上の素数のとき，1 を出力する論理回路を設計せよ．
(2) (1) において，入力が 14 までに制限される場合，回路を再設計せよ．

解答 (1) 真理値表は表 5.14 となる．これを満たす論理式を主加法標準形で書くと，次

表 5.14

10進数	A	B	C	D	Z	10進数	A	B	C	D	Z
0	0	0	0	0	0	8	1	0	0	0	0
1	0	0	0	1	0	9	1	0	0	1	0
2	0	0	1	0	0	10	1	0	1	0	0
3	0	0	1	1	1	11	1	0	1	1	1
4	0	1	0	0	0	12	1	1	0	0	0
5	0	1	0	1	1	13	1	1	0	1	1
6	0	1	1	0	0	14	1	1	1	0	0
7	0	1	1	1	1	15	1	1	1	1	0

式となる．

$$Z = \overline{A}\,\overline{B}CD + \overline{A}B\overline{C}D + \overline{A}BCD + A\overline{B}CD + AB\overline{C}D$$

これより，カルノー図は図 5.8(a) となる．カルノー図より論理式は $Z = \overline{A}CD + \overline{B}CD + B\overline{C}D$ となる．さらに，$Z = ((\overline{A} + \overline{B})C + B\overline{C})D$ のように整理できる．

答え　$Z = ((\overline{A} + \overline{B})C + B\overline{C})D$

(2) 15 すなわち $(A, B, C, D) = (1, 1, 1, 1)$ は入力されないため，この入力に対する出力は 0 でも 1 でも仕様上支障がない．そこで，これを「*」としてカルノー図に書き込むと図 5.8(b) となり，これを 1 と考えるとカルノー図で大きな領域をひと固まりにできることがわかる．そこで，この考えに従って式を簡単化すると，$Z = BD + CD = (B + C)D$ が得られる．

答え　$Z = (B + C)D$

注意　(2) のように，入力パターンの一部が未使用（入力されない）の場合，その出力を設計側に都合よく決めることができる．これを**ドントケア** (don't care) という．

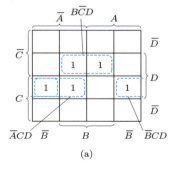
(a)

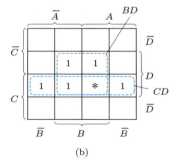
(b)

図 5.8

5.2 組合せ回路と順序回路

論理回路は組合せ回路と順序回路の 2 つに分けられる．組合せ回路はその出力が入力側に戻らないため，過去の入力に依存せず，そのときの入力にのみ依存した結果が得られる回路である．一方，順序回路はその出力が入力側に戻るため，そのときの入力だけでなく，その前の入力，さらにその前の入力，…と過去の入力すべてが出力に影響する回路である．

本節では，組合せ回路の例としてデコード回路，加算回路について，順序回路の例としてフリップフロップ回路とその応用回路について説明する．

5.2.1 デコーダ回路

7 セグメント LED は 7 つの棒状（セグメント）の LED で簡易な文字を表示する部品で，各 LED の ON/OFF 信号を入力する 7 つの端子をもつ（図 5.9(a) 参照）．ここでは，入力 $(A, B) = (0,0)$, $(0, 1)$, $(1, 0)$, $(1, 1)$ に対して図 5.9(b) のような点灯パターン（表示）となるようなデコーダ回路の設計法について説明する．

このデコーダ回路は 2 入力 7 出力の論理回路で，図 5.9(c) のようにセグメントごとに入力に応じた値を出力を回路を 7 つ設計する．まず，各入力に対する各セグメントの ON/OFF を真理値表にする．たとえば，a セグメントの場合，図 (b) の点灯パター

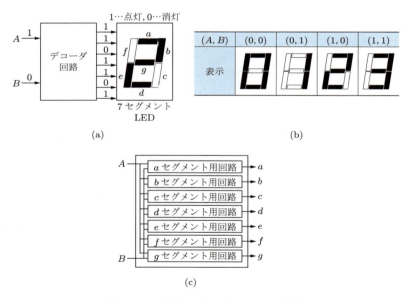

図 5.9 7 セグメント LED デコーダ回路

ンより入力が $(0,0)$, $(1,0)$, $(1,1)$ のときは点灯，$(0,1)$ のときは消灯であるので，表 5.15 の a 列の真理値表となる．ここで，1 は点灯，0 は消灯とする．同様に考えて，ほかのセグメントについても真理値表を完成させる．

次に，真理値表から各セグメントの論理式を決定すると，次式となる．

$$a = d = \overline{A}\,\overline{B} + A\overline{B} + AB = A + \overline{B} \tag{5.10}$$

$$b = 1 \tag{5.11}$$

$$c = \overline{A}\,\overline{B} + \overline{A}B + AB = \overline{A} + B \tag{5.12}$$

$$e = \overline{B} \tag{5.13}$$

$$f = \overline{A}\,\overline{B} \tag{5.14}$$

$$g = A \tag{5.15}$$

以上より，各セグメント用回路は図 5.10 のとおりになる．

表 5.15　デコーダ回路の入出力（真理値表）

A	B	a	b	c	d	e	f	g
0	0	1	1	1	1	1	1	0
0	1	0	1	1	0	0	0	0
1	0	1	1	0	1	1	0	1
1	1	1	1	1	1	0	0	1

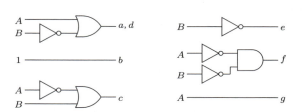

図 5.10　各セグメント用回路

例題 5.10　図 5.11 の表示パターンとなるデコード回路を設計せよ．

(A, B)	$(0, 0)$	$(0, 1)$	$(1, 0)$	$(1, 1)$
表示	 ｱ	 ｂ	 ｃ	 ｄ

図 5.11

解答 まず，各入力に対する各セグメントのON/OFFを真理値表にすると表5.16となる．次に，真理値表から各セグメントの論理式を決定すると次式となる．

$$a = \overline{A}\,\overline{B}$$
$$b = \overline{A}\,\overline{B} + AB$$
$$c = d = g = 1$$
$$e = \overline{A}\,\overline{B} + \overline{A}B + AB = \overline{A} + B$$
$$f = \overline{A}B$$

以上より，各セグメント用回路は図5.12のとおりとなる．　　　**答え** 図5.12

表 5.16

A	B	a	b	c	d	e	f	g
0	0	1	1	1	1	1	0	1
0	1	0	0	1	1	1	1	1
1	0	0	0	1	1	0	0	1
1	1	0	1	1	1	1	0	1

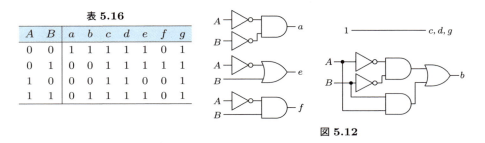

図 5.12

5.2.2 加算器

加算器は，計算機におけるもっとも基本的な算術演算回路の1つである．加算器には，2入力の半加算器と3入力の全加算器がある．2bit以上の2進数どうしを足し算する場合，下桁からの桁上げを考慮するために，全加算器では入力が3本ある．

(1) 半加算器

1bitの2進数どうしを加算する回路を半加算器 (half adder) という．加算を行う2つの2進数入力を A, B，加算結果を Z，上桁への桁上げを C とすると，図5.13に示すように通常の加算（筆算）のとおり考え，$0+0=0$（桁上げなし），$0+1=1$（桁上げなし），$1+0=1$（桁上げなし），$1+1=1$（桁上げあり）となり，これを真理値表にまとめると表5.17となる．

```
A     0      0      1      1
B   +) 0   +) 1   +) 0   +) 1
Z     0      1      1      0
C     0      0      0      1
```

図 5.13　半加算器の演算

表 5.17 半加算器の真理値表

A	B	Z	C
0	0	0	0
0	1	1	0
1	0	1	0
1	1	0	1

この真理値表を満たす論理式は，以下となる．

$$Z = \overline{A}B + A\overline{B} \tag{5.16}$$
$$C = AB \tag{5.17}$$

これより，回路は図 5.14(a) となる．Z についてはカルノー図を用いてもこれ以上簡単にはならないが，$\overline{A}A = B\overline{B} = 0$ およびド・モルガンの定理を用いて次の変形が可能で，これにより回路を簡単化できる．

$$Z = \overline{A}A + \overline{A}B + A\overline{B} + B\overline{B} = (A+B)(\overline{A}+\overline{B}) = (A+B)\overline{AB} \tag{5.18}$$

変形後の半加算器を図 5.14(b) に示す．また，XOR を用いると

$$Z = \overline{A}B + A\overline{B} = A \oplus B \tag{5.19}$$

と書けるため，図 5.14(c) のようになる．

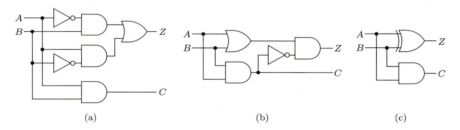

図 **5.14** 半加算器の回路

(2) 全加算器

2 bit 以上の 2 進数どうしを足し算する回路を<u>全加算器</u> (full adder) という．図 5.15 に 3 bit の 2 進数の加算器で $1+3=4$ を計算（筆算）する例を示す．1 と 3 を 2 進数に変換すると $(A_3, A_2, A_1) = (0, 0, 1)$ と $(B_3, B_2, B_1) = (0, 1, 1)$ となる．この筆算の第 i 桁目では，下からの桁上げ C_{i-1} と A_i と B_i の 3 つの数の和を計算し，結果 Z_i，桁上げの有無 C_i を決定する．たとえば，$i=2$ では $C_{i-1}=1$ と $A_i=0$ と $B_i=1$ を足して，結果 $Z_i=0$，桁上げ $C_i=1$ としている．

そこで，第 i 桁目の加算器の真理値表を考えると表 5.18 となる．この真理値表を満たす論理式を求め，XOR を使って整理し回路化すると，図 5.16(a) のようになる（例題 5.11）．これを全加算器という．全加算器は半加算器 2 つを使って構成できる．

図 5.16(b) は 3 つの全加算器（FA）を用いて構成した 3 bit の加算回路である．最

142 第5章 デジタル回路

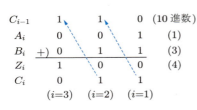

図 5.15 全加算器の演算

表 5.18 全加算器の真理値表

C_{i-1}	A_i	B_i	Z_i	C_i
0	0	0	0	0
0	0	1	1	0
0	1	0	1	0
0	1	1	0	1
1	0	0	1	0
1	0	1	0	1
1	1	0	0	1
1	1	1	1	1

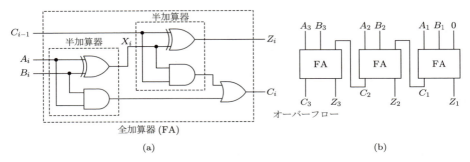

図 5.16 全加算器と 3 bit 加算回路

下位桁の入力 C_0（桁上げ）を 0 とし，各加算器において下位桁からの Z を C につなぐことで，3 bit の加算器を実現している．最上位桁の C_3 が 1 になるとき 3 bit 以内に計算結果が収まらないことを意味しており，これを**オーバーフロー**（桁あふれ）という．

例題 5.11　図 5.15(b) の全加算器の真理値表から論理式を求め，XOR を使って整理し，図 5.16(a) の回路を導け．

解答　真理値表を満たす論理式は以下となる．

$$Z_i = \overline{C_{i-1}}\,\overline{A_i}B_i + \overline{C_{i-1}}A_i\overline{B_i} + C_{i-1}\overline{A_i}\,\overline{B_i} + C_{i-1}A_iB_i$$

$$C_i = \overline{C_{i-1}}A_iB_i + C_{i-1}\overline{A_i}B_i + C_{i-1}A_i\overline{B_i} + C_{i-1}A_iB_i$$

ここで，XOR を使って $X_i = \overline{A_i}B_i + A_i\overline{B_i} = A \oplus B$ とおくと，$\overline{X_i} = \overline{A \oplus B} = \overline{A_i}\,\overline{B_i} + A_iB_i$ より先に導出した Z_i は

$$Z_i = \overline{C_{i-1}}X_i + C_{i-1}\overline{X_i} = C_{i-1} \oplus X_i$$

となる．また，先に導出した C_i は

$$C_i = (\overline{\overline{C_{i-1}} + C_{i-1}})A_iB_i + C_{i-1}(\overline{A_i}B_i + A_i\overline{B_i}) = A_iB_i + C_{i-1}X_i$$

と整理できる．以上より，全加算器は図 5.16(a) のようになる．図に示すように，全加算器は 2 つの半加算器を使って構成できる．

5.2.3 フリップフロップ
(1) RS フリップフロップ

　前節の組合せ回路の出力は直前の入力にのみ依存し，過去の入力の影響を受けない．一方，順序回路は出力が入力側に戻るため，過去の入力が出力に影響する．これは過去の入力を保持（**記憶**）できる可能性を意味する．

　ここではまず，OR 素子 1 つでできた図 5.17(a) の回路の動作を図 (b) の**タイミングチャート**で考える．最初，S および Q がともに 0 であったとする．時刻 $t = t_0$ のとき S が 1 になると $Q = 1$ となり，これが OR 素子の入力に戻り $Q = 1$ は安定する．その後，$t = t_1$ で S が 0 に戻っても自らの出力 $Q = 1$ を入力しているため，OR 素子の出力は 0 にならず $Q = 1$ が保持される．すなわち，この回路は**過去に論理値 1 が入力されたか否かを記憶する 1 bit の記憶回路**になっていることがわかる．以上のように，順序回路は記憶回路になりうる．

　ただし，この回路ではいったん 1 になった出力を 0 に戻すことができない．そこで，図 5.17(c) のように Q から OR 素子の入力に戻る線の間に AND 素子を挿入し，NOT 素子を介して R により出力 Q を 0 に戻すことを考える．$R = 0$ の間は AND 素子は Q の値を OR 素子の入力にそのまま戻すので，図 (a) と同じ回路と考えられるが，

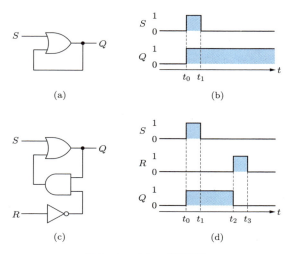

図 5.17　1bit の記憶回路

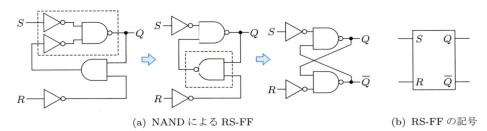

(a) NAND による RS-FF　　　　　　　(b) RS-FF の記号

図 5.18　RS フリップフロップ

$t = t_2$ で $R = 1$ になると Q の値にかかわらず AND 素子の出力が 0 となり，OR 素子の出力は 0 に戻る．このような回路を **RS フリップフロップ** (**RS-FF**, Reset Set Flip-Flop) という．

図 5.17(c) の RS-FF は，図 5.18(a) のように OR を NOT と NAND に置きかえ（破線部分），さらに，NOT と AND を NAND に置きかえて整理すると，対称な回路に描きかえられる．一般に，RS-FF はこのような表記が多く，S と R がともに 1 とならない限り 2 つの NAND 出力は反転するため，一方を $\overline{Q}$ と書く．図 5.18(b) に RS-FF の記号を示す．

表 5.19 に RS-FF の真理値表を示す．この表において，Q^+ は S または R の変化後の Q を意味する．$(S, R) = (0, 0)$ の場合は出力が保持されるため，$Q^+ = Q$ となる．また，$(S, R) = (1, 1)$ は $Q = \overline{Q} = 1$ となるため使用禁止としている．

表 5.19　RS-FF の真理値表

S	R	Q^+
0	0	Q
0	1	0
1	0	1
1	1	禁止

例題 5.12　図 5.19(a) の回路において図 (b) のように S と R が入力されたときの Q の変化を描け．ただし，最初 $Q = 0$ であるとせよ．

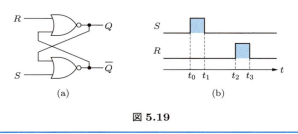

図 5.19

解答　最初は図 5.20(a) の状態で安定しているが，図 (b) $t = t_0$ で $S = 1$ になると下の NOR の出力が 0 となり，これによって上の NOR の出力が 1 となる．その後，図 (c) $t = t_1$ で $S = 0$ になっても Q は変化しないが，図 (d) $t = t_2$ で $R = 1$ になると上の NOR の

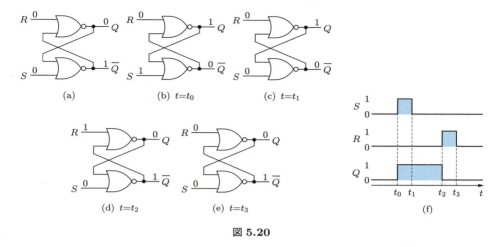

図 **5.20**

出力が 0 に戻り，これによって，下の NOR の出力も 0 に戻る．最後に，図 (e) $t=t_3$ になっても Q は変化しない．以上を図にすると図 (f) となる．この動作は解説の RS-FF とまったく同じであり，この回路は NOR 構成による RS-FF であるといえる．

答え　図 5.20(f)

(2) D ラッチと D フリップフロップ

RS-FF を用いてさまざまな記憶回路を構成できる．図 5.21(a) は **D ラッチ** (Delay latch) とよばれ，図 (b) のように $C=1$ のときは RS-FF への入力は D および $\overline{D}$ となり，D の変化に従って Q が変化するが，$C=0$ のときは $S=R=0$ となり，直前の D が Q に保持される．図 (c) に D ラッチの記号を示す．

C が変化した瞬間の D を保持する順序回路を **D フリップフロップ** (**D-FF**, Delay

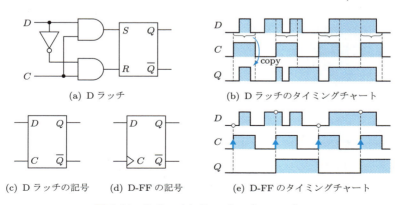

図 **5.21**　D ラッチと D フリップフロップ

Flip-Flop）という．図 5.21(d) に D-FF の記号を示す．図 (e) に示すように，D-FF は C が 0 から 1 に変化した瞬間（立ち上がりエッジ）の D の値を Q に保持する．

> **例題 5.13** D ラッチおよび D-FF に図 5.22 のような D および C が入力したとき，Q の変化をそれぞれ描け．ただし，最初 $Q = 0$ であるとせよ．

図 5.22

解答 D ラッチは C が 1 のとき $Q = D$ となり，$C = 0$ が 0 のとき Q が保持される．一方，D-FF は C が 0 から 1 に立ち上がった瞬間の D を Q に保持する．したがって，それぞれの Q は図 5.23 となる．

答え D ラッチ：図 5.23(a)，D-FF：図 (b)

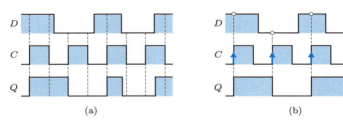

図 5.23

（3）T フリップフロップ

図 5.24(a) に示すように，D-FF の $\overline{Q}$ を D に戻した回路を **T フリップフロップ** (**T-FF**, Toggle Flip-Flop）という．図 (b) に示すように，最初 $Q = 0$, $\overline{Q} = 1$ のとき，T が立ち上がると $D = 1$ より $Q = 1$, $\overline{Q} = 0$ に変化する．次の T の立ち上がりでは $D = 0$ より $Q = 0$, $\overline{Q} = 1$ に変化する．このように，T-FF は T が立ち上がるたびに Q が反転する．

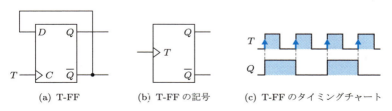

(a) T-FF   (b) T-FF の記号   (c) T-FF のタイミングチャート

図 5.24 T フリップフロップ

(4) カウンタ

図 5.25 に示すように，T-FF を n 個並べた回路を**カウンタ**という．T-FF は入力 T が立ち上がった瞬間出力が反転する．最初すべての Q が 0 とすると，C が立ち上がった瞬間に Q_1，Q_2，Q_3 と順にすべての Q が立ち上がる．Q_1 は C が立ち上がるごとに反転するため，C の周期の 2 倍の周期となる．Q_2 は Q_1 を入力とするため C の周期の 4 倍，Q_3 は Q_2 を入力とするため C の周期の 8 倍の周期となり，それぞれの否定 $\overline{Q_3}\,\overline{Q_2}\,\overline{Q_1}$ を並べてみると，$000_{(2)}$, $001_{(2)}$, $010_{(2)}$, $011_{(2)}$, ... と 2 進数がカウントアップされることがわかる．カウンタは C に入力されるパルスの数を数えたり，CPU において命令を順に実行する制御装置として使用される．

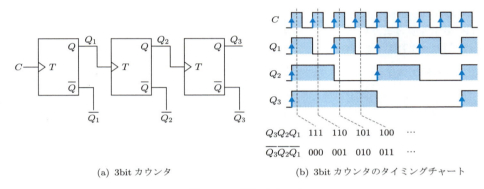

(a) 3bit カウンタ　　　　　　(b) 3bit カウンタのタイミングチャート

図 5.25　3 bit カウンタ

(5) レジスタ

図 5.26 に示すように，D-FF を n 個並列に並べた回路を**レジスタ**という．レジスタは置数器ともよばれ，計算機の中心的役割を果たす **CPU** (Central Processing Unit) の内部で加算器などの演算装置の結果を保持するための記憶回路である．W が立ち上がる瞬間に (D_3, D_2, D_1) に入力された値を (Q_3, Q_2, Q_1) に記憶する．

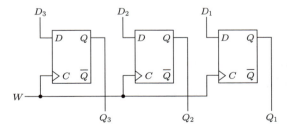

図 5.26　3 bit レジスタ

章末問題

5.1 次の問いに答えよ．
(1) 123 を 2 進数，8 進数，16 進数に変換せよ．
(2) -3 を 3 bit，4 bit，5 bit の 2 の補数に変換せよ．
(3) n bit の 2 進数（2 の補数表現）の $b_{n-1}b_{n-2}\cdots b_1b_0$ に対して，b_{n-1} を最上位 bit の左にコピーした $n+1$ bit の 2 進数 $b_{n-1}b_{n-1}b_{n-2}\cdots b_1b_0$ は，10 進数にすると元の値と同じであることを示せ．

5.2 次式を真理値表を用いずに証明せよ．
(1) $\overline{A}B + A\overline{B} = (A+B)\overline{AB}$
(2) $(A+B)\overline{AB} = \overline{\overline{\overline{AAB}}\,\overline{\overline{BAB}}}$
(3) $\overline{A}\,\overline{B} + AB = \overline{\overline{AB} + A\overline{B}}$

5.3 $n \geq 2$ に対して $\overline{A_1 + A_2 + \cdots + A_n} = \overline{A_1}\,\overline{A_2}\cdots\overline{A_n}$ が成り立つことを証明せよ．

5.4 図 5.27 の論理回路の論理式と真理値表を求めよ．

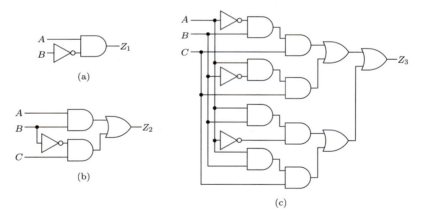

図 5.27

5.5 章末問題 **5.2**(1) および (2) の関係を用いて，XOR を NAND だけで構成せよ．
5.6 表 5.20 の真理値表を満たす論理式 Z_1，Z_2 を NOT，AND，OR を用いて書け．
5.7 図 5.28(a) に示す未知の 2 入力 1 出力論理素子 f について，次の問いに答えよ．
(1) f を用いて図 (b) および図 (c) の論理回路を構成したとき，それぞれの回路は NOT 素子および OR 素子と等しかった．f はどのような論理素子か答えよ．

表 5.20

A	B	C	Z_1	Z_2
0	0	0	1	0
0	0	1	0	1
0	1	0	1	0
0	1	1	1	1
1	0	0	1	1
1	0	1	0	1
1	1	0	0	0
1	1	1	0	1

表 5.21

A	B	Z
0	0	0
0	1	0
1	0	0
1	1	1

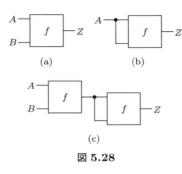

図 5.28

(2) 表 5.21 の真理値表を満たす論理回路を f だけを用いて構成せよ．

5.8 3 入力のうち 2 入力以上が 1 のとき 1 を出力する回路を**多数決回路**という．入力を A, B, C, 出力を Z として次の問いに答えよ．
(1) 多数決回路の真理値表を書け．
(2) カルノー図を用いて論理式を簡単化し，NOT, AND, OR を用いて多数決回路を構成せよ．

5.9 3 入力 A, B, C に入力される 1 の数が偶数個のとき出力 Z が 0，奇数個のとき Z が 1 となる回路がある．次の問いに答えよ．
(1) この回路の真理値表を書け．
(2) XOR のみを使ってこの真理値表を満たす論理式を導き，回路を実現せよ．［ヒント： $A = 0$ の場合と 1 の場合について XOR による式を考える．］

5.10 4 bit 2 進数を入力して図 5.29 のように表示する 7 セグメント LED デコーダを設計したい．次の問いに答えよ．ただし，$(A, B, C, D) = (1, 0, 1, 0)$ から $(1, 1, 1, 1)$（10 から 15）は入力されないとする．
(1) e セグメント（左下）の真理値表を書け，これを満たす論理式を主加法標準形で書け．
(2) カルノー図により式を簡単化せよ．ドントケアを利用すること．

(A, B, C, D)	$(0,0,0,0)$	$(0,0,0,1)$	$(0,0,1,0)$	$(0,0,1,1)$	$(0,1,0,0)$
表示	0	1	2	3	4

(A, B, C, D)	$(0,1,0,1)$	$(0,1,1,0)$	$(0,1,1,1)$	$(1,0,0,0)$	$(1,0,0,1)$
表示	5	6	7	8	9

図 5.29

章末問題解答

第1章

1.1 解図 1.1 の各図の上段が導面の定義，下段が電位図である．

(a) 電位図より，
① 導面 BC 間の電位差は E
② R_2 の電流は $I_{R2} = E/2R$

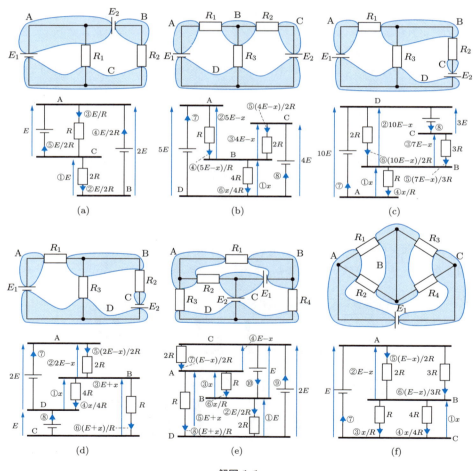

解図 1.1

章末問題解答　　**151**

③　R_1 の電流は $I_{R1} = E/R$

④　導面 B の C からの流入電流は $E/2R$ なので，導面 B から A への流出電流は $I_{E2} = E/2R$

⑤　導面 C の A からの流入電流は E/R，B へ流出電流は $E/2R$ なので，導面 C から A への流出電流は $I_{E1} = E/2R$

答え　$I_{R1} = E/R$ (A → C)，$I_{R2} = E/2R$ (C → B)，
$I_{E1} = E/2R$ (C → A)，$I_{E2} = E/2R$ (B → A)

(b)　電位図より，

①　導面 B の電位が不明なので面 BD 間の電位差を x とおく

②　導面 AB 間の電位差は $5E - x$

③　導面 CB 間の電位差は $4E - x$

④　$I_{R1} = (5E - x)/R$

⑤　$I_{R2} = (4E - x)/2R$

⑥　$I_{R3} = x/4R$ となり，導面 B に対して $(5E - x)/R + (4E - x)/2R = x/4R$ が成り立ち，これより $x = 4E$，$I_{R1} = E/R$，$I_{R2} = 0$，$I_{R3} = E/R$

⑦　導面 A には B への流出 E/R があるので，導面 D からの流入 $I_{E1} = E/R$

⑧　導面 CB 間の電流 0 より $I_{E2} = 0$

答え　$I_{R1} = E/R$ (A → B)，$I_{R2} = 0$，$I_{R3} = E/R$ (B → D)，
$I_{E1} = E/R$ (D → A)，$I_{E2} = 0$

(c)　電位図より，

①　導面 B の電位が不明なので面 BA 間の電位差を x とおく

②　導面 DB 間の電位差は $10E - x$

③　導面 CB 間の電位差は $7E - x$

④　$I_{R1} = x/R$

⑤　$I_{R2} = (7E - x)/3R$

⑥　$I_{R3} = (10E - x)/2R$ となり，導面 B に対して $(10E - x)/2R + (7E - x)/3R = x/R$ が成り立ち，これより $x = 4E$，$I_{R1} = 4E/R$，$I_{R2} = E/R$，$I_{R3} = 3E/R$

⑦　導面 A には B からの流入 $4E/R$ があるので，導面 D への流出 $I_{E1} = 4E/R$

⑧　導面 C には B への流出 E/R があるので，導面 D からの流入 $I_{E2} = E/R$

答え　$I_{R1} = 4E/R$ (B → A)，$I_{R2} = E/R$ (C → B)，$I_{R3} = 3E/R$ (D → B)，
$I_{E1} = 4E/R$ (A → D)，$I_{E2} = E/R$ (D → C)

(d)　電位図より，

①　導面 B の電位が不明なので面 BD 間の電位差を x とおく

②　導面 AB 間の電位差は $2E - x$

③　導面 BC 間の電位差は $E + x$

④　$I_{R3} = x/4R$

⑤　$I_{R1} = (2E - x)/2R$

⑥　$I_{R2} = (E + x)/R$ となり，導面 B に対して $(2E - x)/2R = x/4R + (E + x)/R$ が成り立ち，これより $x = 0$，$I_{R1} = E/R$，$I_{R2} = E/R$，$I_{R3} = 0$

⑦　導面 A には B への流出 E/R があるので，導面 D からの流入 $I_{E1} = E/R$

⑧　導面 C には B からの流入 E/R があるので，導面 D への流出 $I_{E2} = E/R$

答え　$I_{R1} = E/R$ (A → B)，$I_{R2} = E/R$ (B → C)，$I_{R3} = 0$，
$I_{E1} = E/R$ (D → A)，$I_{E2} = E/R$ (C → D)

(e)　電位図より，

152 章末問題解答

① 導面 BD 間の電位差は E
② $I_{R4} = E/2R$
③ 導面 A の電位が不明なので面 AB 間の電位差を x とおく
④ 導面 CA 間の電位差は $E - x$
⑤ 導面 AD 間の電位差は $E + x$
⑥ $I_{R1} = x/R$
⑦ $I_{R2} = (E - x)/2R$
⑧ $I_{R3} = (E + x)/R$ となり，導面 A に対して $(E - x)/2R = x/R + (E + x)/R$ が成り立ち，これより $x = -E/5$ （導面 A は B より下），$I_{R1} = E/5R$ (B → A)，$I_{R2} = 3E/5R$，$I_{R3} = 4E/5R$
⑨ 導面 D には A と B からの流入 $4E/5R$ と $E/2R$ があるので，導面 C への流出 $I_{E2} = 4E/5R + E/2R = 13E/10R$
⑩ 導面 C には D からの流入 $13E/10R$，A への流出 $3E/5R$ があるので，導面 C への流出 $I_{E1} = 13E/10R - 3E/5R = 7E/10R$

　　答え　$I_{R1} = E/5R$ (B → A)，$I_{R2} = 3E/5R$ (C → A)，$I_{R3} = 4E/5R$ (A → D)，
　　　　　$I_{R4} = E/2R$ (B → D)，$I_{E1} = 7E/10R$ (C → B)，$I_{E2} = 13E/10R$ (D → C)

(f) 電位図より，
① 導面 B の電位が不明なので面 BC 間の電位差を x とおく
② 導面 AB 間の電位差は $E - x$
③ $I_{R3} = x/R$
④ $I_{R4} = x/4R$
⑤ $I_{R1} = (E - x)/2R$
⑥ $I_{R2} = (E - x)/3R$ となり，導面 B に対して $(E - x)/2R + (E - x)/3R = x/R + x/4R$ が成り立ち，これより $x = 2E/5$，$I_{R1} = 3E/10R$，$I_{R2} = E/5R$，$I_{R3} = 2E/5R$，$I_{R4} = E/10R$
⑦ $I_{E1} = I_{R1} + I_{R2} = E/2R$

　　答え　$I_{R1} = 3E/10R$ (A → B)，$I_{R2} = E/5R$ (A → B)，$I_{R3} = 2E/5R$ (B → C)，
　　　　　$I_{R4} = E/10R$ (B → C)，$I_{E1} = E/2R$ (C → A)

1.2　解図 1.2(a) のように導面を定義すると，電位図は図 (b) のようになり，R_2, R_3 は導面 AC 間，R_4, R_5 は導面 AB 間，R_6, R_8 は導面 BC 間で並列接続である．

　　答え　導面 AC 間の (R_2, R_3)，導面 AB 間の (R_4, R_5)，導面 BC 間の (R_6, R_8)

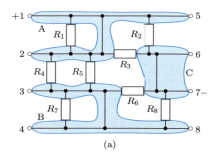
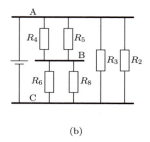

解図 1.2

1.3 電池の内部抵抗を r としたとき，解図 1.3(a) の電位図より R の電流は $I = 1.2/8 = 150\,\mathrm{mA}$，$r = (1.5 - 1.2)/I = 2\,\Omega$ と求められる．したがって，電圧源・電流源の等価変換より，図 (b) の電池は図 (c) の $I_0 = 1.5/2 = 750\,\mathrm{mA}$ の電流源と考えてよい．

答え　750 mA

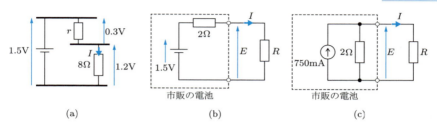

解図 1.3

1.4 まず，解図 1.4(a) のように 6 V の電圧源を右にコピーし，図 (b) のように $2\,\Omega$ と $1\,\Omega$ の節点を切り離す．このようにしても各抵抗の電流は元のそれと変わらない（電位図を描いて確認せよ）．これにより，左の回路は例題 1.4 と同じ回路となり，図 (c) のように 3.6 V と $1.2\,\Omega$ の直列接続に置きかえられる．また，同じ計算により右の回路は 4.8 V と $0.8\,\Omega$ の直列接続に置きかえられる．最後に，図 (d) のように右の回路を左に寄せると 3.6 V と 4.8 V が逆向きに繋がり 1.2 V の電圧源 1 つになり，また，$1.2\,\Omega$ と $0.8\,\Omega$ が電圧源をはさんで直列接続されることから，これらを合成して $2\,\Omega$ となる．以上より，図 (e) の回路が得られる．

答え　解図 1.4(e)

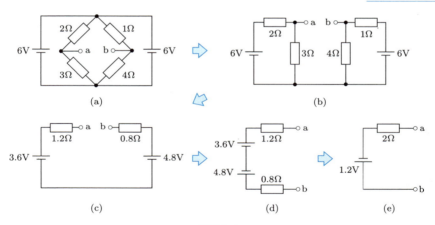

解図 1.4

1.5 解図 1.5 のように回路を変換する．まず，図 (a) のように I_0 と R_1 の並列を電圧源 4 V と R_1 の直列に変換する．次に，図 (b) のように R_1 と R_2 をまとめ $R_1 + R_2 = 2\,\Omega$．続いて，図 (c) のように，この $2\,\Omega$ と電圧源 4 V，電圧源 E_0 と R_4 を電流源に変換する．この時点で導面 2 枚の回路となる．この 2 枚に挟まれる 2 つの抵抗 $2\,\Omega$ と $1\,\Omega$ を合成し，また，2 つの電流源を合わせ図 (d) とする．最後に，電流源を電圧源に変換し図 (e) とする．回路の電流は $(10/3)/(2/3+1) = 2\,\mathrm{A}$ より $V_3 = 2\,\mathrm{V}$ と求められる．

答え　2 V

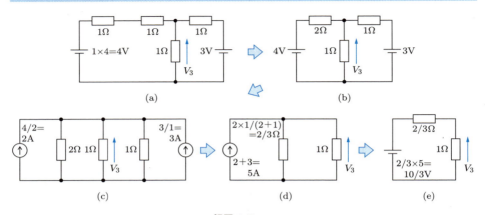

解図 1.5

1.6 図 1.44 の回路において，$3\,\Omega$ にかかる電圧は $V_a = 3/(2+3) \times 6 = 3.6\,\mathrm{V}$，$4\,\Omega$ にかかる電圧は $V_b = 4/(1+4) \times 6 = 4.8\,\mathrm{V}$ より，端子 a-b 間の電圧は $V_{ab} = V_a - V_b = -1.2\,\mathrm{V}$ である．次に，電圧源 6 V を短絡除去した解図 1.6(a) より R_{ab} を考える．この回路において a-b 間に電位差を与えると，図 (b) の電位図となる．この図より，$2\,\Omega$ と $3\,\Omega$ は導面 a-c 間で，$1\,\Omega$ と $4\,\Omega$ は導面 c-b 間で並列接続であることから，$R_{ab} = 2 \times 3/(2+3) + 1 \times 4/(1+4) = 2\,\Omega$ と求められる．$V_{ab} = -1.2\,\mathrm{V}$，$R_{ab} = 2\,\Omega$ とした図 1.24(b) の回路は解図 1.4(e) と等しい．

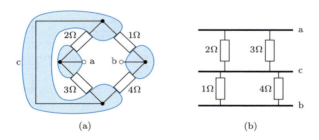

解図 1.6

第 2 章

2.1 (1) 負荷線は，$I = (0.8 - V)/5$ であり，$V = 0.6\,\mathrm{V}$ のとき $I = 40\,\mathrm{mA}$，$V = 0.8\,\mathrm{V}$ のとき $I = 0\,\mathrm{mA}$ より，解図 2.1 の直線となる．よって，負荷線と特性曲線の交点 Q をグラフから読み取り，ダイオードの電圧は $0.7\,\mathrm{V}$，電流は $20\,\mathrm{mA}$ である．

答え　$V = 0.7\,\mathrm{V},\ I = 20\,\mathrm{mA}$

(2) 例題 2.1(b) の解答の負荷線に (1) の V および I を代入すると，$0.02 = -(1/20 + 1/35) \times 0.7 + E/20$ が得られる．これより，$E = 1.5\,\mathrm{V}$ と求められる．

答え　$E = 1.5\,\mathrm{V}$

2.2 D_1 が OFF と仮定すると，$I_{D1} = 0$ より $I_{R1} = I_{R2} = I_{D2} = 0$ となる．$I_{R1} = 0$ より R_1 の電圧降下は 0，また $I_{R2} = 0$ より R_2 の電圧降下も 0 となり，電位図は解図 2.2(a) になる．以上より，$V_{D1} = E = 5 > 0.6 = V_F$ となり，D_1 が OFF であることに矛盾する．よって，D_1 は

章末問題解答　**155**

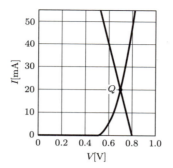

解図 **2.1**

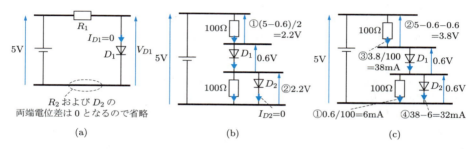

解図 **2.2**

ON.

D_1 が ON, D_2 が OFF と仮定すると, $I_{D2} = 0$ で解図 2.2(b) の電位図となり, $I_{R1} = I_{D1} = I_{R2}$ となり R_1 と R_2 が D_1 を挟んで直列につながった状態となる. したがって, $R_1 = R_2$ より
① $V_{R1} = V_{R2} = (E - V_{D1})/2 = 2.2\,\text{V}$
② $V_{D2} = V_{R2} = 2.2 > 0.6 = V_F$

より, D_2 が OFF であることに矛盾する.

D_1, D_2 がともに ON と仮定すると, $V_{D1} = V_{D2} = V_F$ で解図 2.2(c) の電位図となり,
① $I_{R2} = V_{D2}/R_2 = 6\,\text{mA}$
② $V_{R1} = E - V_{D1} - V_{D2} = 3.8\,\text{V}$
③ $I_{R1}(= I_{D1}) = V_{R1}/R_1 = 38\,\text{mA}$
④ $I_{D2} = I_{D1} - I_{R2} = 32\,\text{mA}$

となり矛盾しない.

　答え　D_1, D_2 ともに ON, $(V_{D1}, I_{D1}) = (0.6\,\text{V}, 38\,\text{mA})$, $(V_{D2}, I_{D2}) = (0.6\,\text{V}, 32\,\text{mA})$

2.3　ダイオードが ON のとき $V = V_{R2} = V_F$, $I > 0$ であるので, $I_{R2} = V_F/R_2$, $I_{R1} = I + I_{R2} > I_{R2}$ より, ダイオードが ON になる条件は $E = V_{R1} + V_F = R_1 I_{R1} + V_F = R_1(I + I_{R2}) + V_F > R_1 I_{R2} + V_F = R_1 V_F/R_2 + V_F = 1.8\,\text{V}$ である.

　$E \leq 1.8\,\text{V}$ のときダイオードが OFF であるので, $I = 0$, $I_{R1} = I_{R2} = E/(R_1 + R_2)$ より $V = V_{R2} = R_2 I_{R2} = ER_2/(R_1 + R_2) = E/3$ が得られる.

　一方, $E > 1.8\,\text{V}$ のときダイオードが ON であるので, $V = V_{R2} = V_F$, $I_{R2} = V_F/R_2$, $I_{R1} = (E - V_F)/R_1$ より, $I = I_{R1} - I_{R2} = E/R_1 - (1/R_1 + 1/R_2)V_F = E/200 - 0.009$

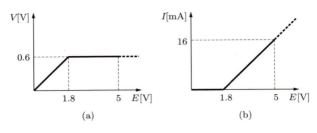

解図 2.3

が得られる．とくに，$E = 5\,\mathrm{V}$ のとき $I = 5/200 - 0.009 = 16\,\mathrm{mA}$ である．

　　　　　　　　　　　　　　　　　　　　　　　　　　　　　　　　　　　　答え　解図 2.3

2.4 D_1 が ON のとき，$V_{D1} = V_F$, $I_{D1} = I_{R1} > 0$ となるので，R_1 に電圧降下が生じ $V_{R1} > 0$．よって，D_1 が ON になる条件は $E = V_{R1} + V_{D1} + V_{R2} > V_{D1} = \underline{V_F}$ である．
　D_2 が ON のとき，$V_{D2} = V_{R2} = V_F$, $I_{D2} > 0$ となるので，$I_{R2} = V_F/R_2$．また，$I_{D2} > 0$ より $I_{D1} = I_{R2} + I_{D2} > V_F/R_2 > 0$，すなわち，$D_1$ は ON であり，$V_{D1} = V_F$．よって，D_2 が ON になる条件は $E = V_{R1} + V_{D1} + V_{D2} > R_1 V_F/R_2 + V_F + V_F = \underline{1.8\,\mathrm{V}}$ である．
(i) $0\,\mathrm{V} \leq E \leq 0.6\,\mathrm{V}$: D_1, D_2 はともに OFF より，$I_{D1} = I_{D2} = \underline{0}$ であり，$I_{R1} = I_{R2} = 0$ となる．すなわち，R_1, R_2 において電圧降下が生じないので，E はすべて D_1 にかかり $V_{D1} = \underline{E}$．また，$V_{R2} = 0$ より $V_{D2} = \underline{0}$ が得られる．
(ii) $0.6\,\mathrm{V} < E \leq 1.8\,\mathrm{V}$: D_1 は ON, D_2 は OFF より，$V_{D1} = \underline{V_F}$, $I_{D2} = \underline{0}$ であり，$I_{R1} = I_{D1} = I_{R2}$, $E = R_1 I_{R1} + V_F + R_2 I_{R2}$ より $I_{D1} = I_{R2} = (E - V_F)/(R_1 + R_2) = \underline{(E - 0.6)/200}$, $V_{D2} = R_2 I_{R2} = (E - V_F)R_2/(R_1 + R_2) = \underline{(E - 0.6)/2}$ が得られる．とくに，$E = 1.8\,\mathrm{V}$ のとき $I_{D1} = (1.8 - 0.6)/200 = 6\,\mathrm{mA}$, $V_{D2} = (1.8 - 0.6)/2 = 0.6\,\mathrm{V}$ である．
(iii) $1.8\,\mathrm{V} < E$: D_1, D_2 はともに ON より，$V_{D1} = V_{D2} = \underline{V_F}$ であり，$I_{R2} = V_F/R_2$, $E = V_{R1} + V_F + V_F$ より $I_{D1} = I_{R1} = (E - 2V_F)/R_1 = \underline{E/100 - 0.012}$, $I_{D2} = I_{R1} - I_{R2} = \underline{E/100 - 0.018}$ が得られる．とくに，$E = 5\,\mathrm{V}$ のとき $I_{D1} = 5/100 - 0.012 = 38\,\mathrm{mA}$, $I_{D2} = 5/100 - 0.018 = 32\,\mathrm{mA}$ である．

　　　　　　　　　　　　　　　　　　　　　　　　　　　　　　　　　　　　答え　解図 2.4

2.5 (1)(a) $e = 0$ のとき，負荷線は解図 2.5(a) の実線で，動作点は $Q(0.7\,\mathrm{V}, 20\,\mathrm{mA})$ と求められる．$e = +0.1\,\mathrm{V}$ のとき，負荷線は図 (a) の破線のように右に $0.1\,\mathrm{V}$ 移動し，ダイオードの電流は $30\,\mathrm{mA}$ に増加する．$e = -0.1\,\mathrm{V}$ のときは $10\,\mathrm{mA}$ に減少する．

　　　　　　　　　　　　　　　　　　　　　　　　　　　　答え　解図 2.5(a) の②

(b) $e = 0$ のとき，解図 2.5(b) より動作点は $Q(0.5\,\mathrm{V}, 0\,\mathrm{mA})$ と求められる．$e = +0.3\,\mathrm{V}$ のとき，負荷線は図 (b) の破線のように右に $0.3\,\mathrm{V}$ 移動し，ダイオードの電流は $20\,\mathrm{mA}$ に増加する．一方，$e = -0.3\,\mathrm{V}$ のとき負荷線は左に $0.3\,\mathrm{V}$ 移動するが，特性曲線が V 軸上のため電流は $e = 0$ の場合と同じく 0 である．

　　　　　　　　　　　　　　　　　　　　　　　　　　　　答え　解図 2.5(b) の②

(2) 解図 2.5(a)②より，電流の変動量は $\Delta I_{\mathrm{pp}} = 30 - 10 = 20\,\mathrm{mA}$ である．

　　　　　　　　　　　　　　　　　　　　　　　　　　　　答え　$\Delta I_{\mathrm{pp}} = 20\,\mathrm{mA}$

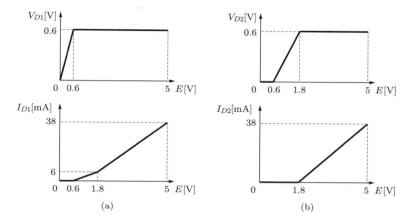

解図 2.4

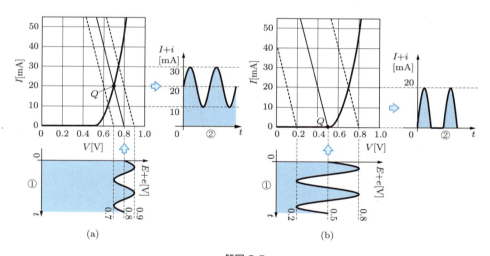

解図 2.5

2.6 (1) $e=0$ のとき，負荷線は $I=(E+e-V)/R=(1.4-V)/1000$ より解図 2.6(a) の実線，$e=\pm 0.6$ のときは破線となる．図から，$e=0$ のとき $I=(1.4-V_F)/1000=0.8\,\mathrm{mA}$，$e=+0.6$ のとき $I=(1.4+0.6-V_F)/1000=1.4\,\mathrm{mA}$，$e=-0.6$ のとき $I=(1.4-0.6-V_F)/1000=0.2\,\mathrm{mA}$ である．

答え　解図 2.6(a) の②

(2) $e=0$ のとき，負荷線は $I=(E+e-V)/R=(0.9-V)/1000$ より解図 2.6(b) の実線，$e=\pm 0.6$ のときは破線となる．図から，$e=0$ のとき $I=(0.9-V_F)/1000=0.3\,\mathrm{mA}$，$e=+0.6$ のとき $I=(0.9+0.6-V_F)/1000=0.9\,\mathrm{mA}$，$e=-0.3$ のとき $I=(0.9-0.3-V_F)/1000=0\,\mathrm{mA}$ である．また，$e\leq -0.3\,\mathrm{V}$ のとき負荷線とダイオードの特性曲線（折線）との交点が常に V 軸上となり，ダイオードは OFF となる．

答え　解図 2.6(b) の②

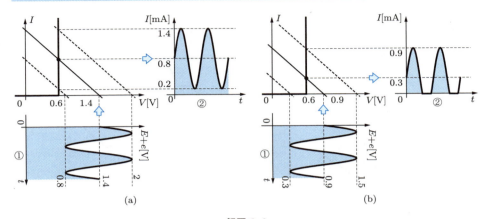

解図 2.6

2.7 まず，直流等価回路を考える．2.4.2項の手順1に従って交流電圧源を短絡除去すると，図2.18(b)となり，例題2.4(1)(a)の解答において$e=0$と考えた場合と等しく，動作点は$Q(0.7\,\mathrm{V}, 20\,\mathrm{mA})$と求められる．次に，手順2に従って直流電圧源を短絡除去すると，図2.18(c)となる．さらに，手順3に従ってダイオードの特性曲線を動作点Qで線形近似する．解図2.7よりQにおける特性曲線の接線の傾きは$1/r=40\,\mathrm{mA}/0.2\,\mathrm{V}=1/5$，すなわちダイオードは$r=5\,\Omega$の抵抗と置きかえられることがわかり，これより小信号等価回路は図2.18(d)となる．

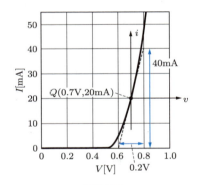

解図 2.7

この回路より，電流iの振幅は$i=e/(R+r)=0.1/(5+5)=10\,\mathrm{mA}$であり，最大値と最小値の差は$\Delta I_\mathrm{pp}=10\times 2=20\,\mathrm{mA}$と求められる．

答え $\Delta I_\mathrm{pp}=20\,\mathrm{mA}$

注意 章末問題2.5(2)と同じ解が得られることがわかる．

2.8 (1) 直流等価回路は手順1に従って交流電圧源を短絡除去($e=0$)し，またCが十分大きいことからコンデンサも開放除去する（コンデンサを開放除去すると，これに直列につながるeも同時に除去される）．以上より，解図2.8(b)を得る．この回路は図2.9(b)と等しく，動作点は例題2.1(b)と同じく$Q(V_Q, I_Q)=(0.8\,\mathrm{V}, 40\,\mathrm{mA})$となる．

答え 直流等価回路：解図2.8(b)，$Q(0.8\,\mathrm{V}, 40\,\mathrm{mA})$

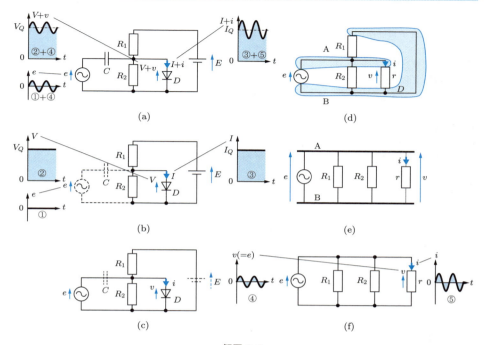

解図 2.8

(2) 手順 2 に従って元の回路から直流電圧源およびコンデンサを短絡除去することで，解図 2.8(c) の交流等価回路が得られる．手順 3 に従って交流等価回路のダイオードを抵抗 r に置きかえると，図 (d) となる．この図で導面を定義すると導面は 2 枚であることがわかり，これより電位図は図 (e) となる．ここで，e の矢印の向きから導面 A を B より上に描く．電位図を整理すると図 (f) の小信号等価回路が得られる．r はダイオードの特性曲線を動作点 Q で線形近似すると解図 2.9 となり，$r = 0.1/0.04 = 2.5\,\Omega$ と求められる．

答え 交流等価回路：解図 2.8(c)，小信号等価回路：図 (f)，ただし，$r = 2.5\,\Omega$

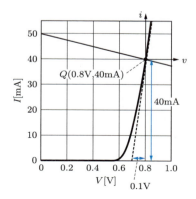

解図 2.9

(3) それぞれの時間変化は直流成分と交流成分の和で求められる．直流等価回路より，ダイオードの電圧 V と電流 I は動作点から $V = 0.8\,\text{V}$, $I = 40\,\text{mA}$ で，②および③のグラフとなる．小信号等価回路より，ダイオード (r) の電圧 v は e と等しく，また電流は $i = 50\,\text{mV}/2.5\,\Omega = 20\,\text{mA}$ で，④および⑤のグラフとなる．以上より，これらを足し合わせて電圧 $V + v$ は ② + ④，電流 $I + i$ は ③ + ⑤ である．

答え　電圧：解図 2.8(a) の ② + ④（最大 0.85 V，最小 0.75 V），
電流：解図 2.8(a) の ③ + ⑤（最大 60 mA，最小 20 mA）

2.9 e の出力電圧が E より小さいとき，ダイオードは逆方向バイアスがかかり OFF となり，開放除去と同じと考えて $v = E$ となる（R に電流が流れないため，R での電圧降下は 0）．一方，e の出力電圧が E より大きいとき，順方向バイアスとなることから ON となり，短絡除去と同じと考えて $v = e$ となる．したがって，v は解図 2.10 のような波形となる．

答え　解図 2.10

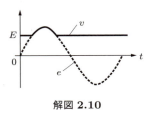

解図 2.10

第 3 章

3.1 回路図より $V_{BE} = E_1$, $V_{CE} = E_2$ である．解図 3.1(a) のベース・エミッタ間特性より，$V_{BE} = 0.84\,\text{V}$ のとき $I_B = 45\,\mu\text{A}$ である．図 (b) のコレクタ・エミッタ間特性には $I_B = 45\,\mu\text{A}$ の特性曲線がないので，$I_B = 40\,\mu\text{A}$ および $50\,\mu\text{A}$ の間の中央に $I_B = 45\,\mu\text{A}$ の特性曲線を引き，これと $V_{CE} = 10\,\text{V}$ より $I_C = 7\,\text{mA}$ と求められる．

答え　$I_B = 45\,\mu\text{A}$, $I_C = 7\,\text{mA}$

3.2 (1) $V_{CE} = $ 一定の垂直線上で各 I_B に対する特性曲線の交点を求め，これらの I_C をプロットすることで，解図 3.2 のような I_B-I_C 特性曲線が得られる．

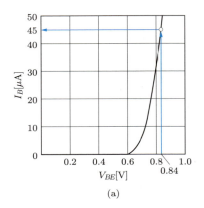

(a)

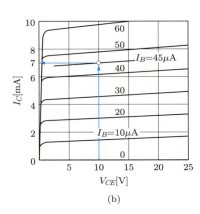

(b)

解図 3.1

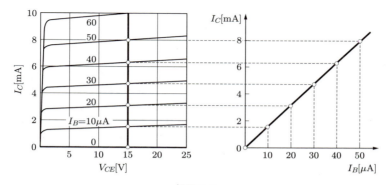

解図 3.2

答え 解図 3.2 の右図

(2)(a) 図 3.27(b) のコレクタ・エミッタ間特性から，$V_{CE} = 15\,\text{V}$，$I_B = 50\,\mu\text{A}$ のとき $I_C = 8\,\text{mA}$．よって，$\beta = 8000/50 = 160$ である．
(b) 同じく $V_{CE} = 2.5\,\text{V}$，$I_B = 50\,\mu\text{A}$ のとき $I_C = 7.6\,\text{mA}$ より $\beta = 7600/50 = 152$ である．V_{CE} が低下すると β は若干低下するが，活性領域では特性曲線がほぼ一定間隔であるため大きく変化しない．

答え (a) $\beta = 160$, (b) $\beta = 152$

3.3 (1) バイアス線は $I_B = (E_1 - V_{BE})/R_B = (2.7 - V_{BE})/100\text{k}$ であり，$V_{BE} = 0\,\text{V}$ のとき $I_B = 27\,\mu\text{A}$，$V_{BE} = 1\,\text{V}$ のとき $I_B = 17\,\mu\text{A}$ より解図 3.3(a) の①となる．この直線と特性曲線との交点より，バイアス点 Q_{B1} は $I_B = 20\,\mu\text{A}$ と読み取れる．

負荷線は $I_C = (E_2 - V_{CE})/R_C = (25 - V_{CE})/5\text{k}$ であり，横軸切片（$I_C = 0$ のとき）は $25\,\text{V}$，縦軸切片（$V_{CE} = 0$ のとき）は $5\,\text{mA}$ より解図 3.3(b) の①となる．この直線と $I_B = 20\,\mu\text{A}$ の特性曲線との交点より，動作点 Q_{C1} は $V_{CE} = 5\,\text{V}$，$I_C = 4\,\text{mA}$ と読み取れる．

答え $I_B = 20\,\mu\text{A}$, $I_C = 4\,\text{mA}$, $V_{CE} = 5\,\text{V}$

(2) バイアス線は $I_B = (E_1 - V_{BE})/R_B = (2 - V_{BE})/40\text{k}$ であり，$V_{BE} = 0\,\text{V}$ のとき $I_B = 50\,\mu\text{A}$，$V_{BE} = 1\,\text{V}$ のとき $I_B = 25\,\mu\text{A}$ より解図 3.3(a) の②となる．この直線と特性曲線との交

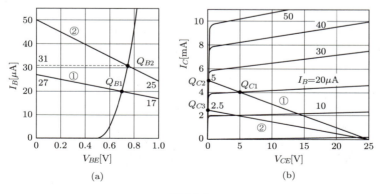

解図 3.3

点よりバイアス点 Q_{B2} は $I_B = 31\,\mu\text{A}$ と読み取れる.

負荷線は (1) と同じく解図 3.3(b) の①である. $I_B = 31\,\mu\text{A}$ の特性曲線はないが, $I_B = 30\,\mu\text{A}$ の特性曲線と負荷線との交点がすでに飽和領域にあるので, $I_B = 31\,\mu\text{A}$ の特性曲線との交点も飽和領域に入り, 動作点 Q_{C2} は $V_{CE} \fallingdotseq 0\,\text{V}$, $I_C \fallingdotseq 5\,\text{mA}$ と読み取れる.

答え　$I_B = 31\,\mu\text{A}$, $I_C \fallingdotseq 5\,\text{mA}$, $V_{CE} \fallingdotseq 0\,\text{V}$

(3)　バイアス線は (1) と同じく解図 3.3(a) の①で, バイアス点は Q_{B1}, $I_B = 20\,\mu\text{A}$.

負荷線は $I_C = (E_2 - V_{CE})/R_C = (25 - V_{CE})/10\text{k}$ であり, 横軸切片 ($I_C = 0$ のとき) は 25 V, 縦軸切片 ($V_{CE} = 0$ のとき) は 2.5 mA より図 (b) の②となる. この直線と $I_B = 20\,\mu\text{A}$ の特性曲線との交点である動作点 Q_{C3} は飽和領域にあり, $V_{CE} \fallingdotseq 0\,\text{V}$, $I_C \fallingdotseq 2.5\,\text{mA}$ と読み取れる.

答え　$I_B = 20\,\mu\text{A}$, $I_C \fallingdotseq 2.5\,\text{mA}$, $V_{CE} \fallingdotseq 0\,\text{V}$

3.4　(1)　例題 3.4 より, この回路はテブナンの定理を用いることで, 例題 3.3 と同じ回路に変形できる. 例題 3.3 のバイアス線は $I_B = (E_1 - V_{BE})/R_B$ であることから, この回路の場合は $R_B = R_1 R_2/(R_1 + R_2)$, E_1 を $E' = R_2 E/(R_1 + R_2)$ とおいて次式を得る.

$$I_B = \frac{E' - V_{BE}}{R_B} = -\left(\frac{1}{R_1} + \frac{1}{R_2}\right) V_{BE} + \frac{E}{R_1}$$

いま, この直線を R_1 を含む項とそれ以外にまとめて整理すると,

$$I_B = \frac{E - V_{BE}}{R_1} - \frac{V_{BE}}{R_2}$$

となり, R_1 を変化させても $(V_{BE}, I_B) = (E, -E/R_2) = (3\,\text{V}, -50\,\mu\text{A})$ はいつでもこの直線上にあり, この点は R_1 に対して不動点であることがわかる.

答え　不動点 $(V_{BE}, I_B) = (3\,\text{V}, -50\,\mu\text{A})$

(2)(a)　$R_1 = 60\,\text{k}\Omega$ のとき, (1) の直線は $(V_{BE}, I_B) = (0\,\text{V}, 50\,\mu\text{A})$ および $(0.6\,\text{V}, 30\,\mu\text{A})$ を通過するので, 解図 3.4(a) の①となる. この直線と特性曲線との交点より, バイアス点 Q_{B1} は $I_B = 26\,\mu\text{A}$ と読み取れる.

負荷線は $I_C = (E - V_{CE})/R_C$ であり, $(V_{CE}, I_C) = (3\,\text{V}, 0\,\text{mA})$ および $(0\,\text{V}, 3\,\text{mA})$ をおよそ通過するので, 図 3.4(b) の直線のようになる. $I_B = 26\,\mu\text{A}$ の特性曲線がないので, これを図中に描くと[†] 図 (b) の破線のようになり, これと負荷線の交点から動作点 Q_{C1} は飽和領域にあり, $V_{CE} \fallingdotseq 0\,\text{V}$, $I_C \fallingdotseq 3\,\text{mA}$ と読み取れる.

電位図は図 (c) のようになる. $V_{CE} \fallingdotseq 0\,\text{V}$ であるため導面 C と E はほぼ同電位となり, R_C の電圧降下はほぼ $E = 3\,\text{V}$ になる.

答え　$I_B = 26\,\mu\text{A}$, $I_C \fallingdotseq 3\,\text{mA}$, $V_{CE} \fallingdotseq 0\,\text{V}$, 電位図：解図 3.4(c)

(b)　$R_1 = 300\,\text{k}\Omega$ のとき, バイアス線は $(V_{BE}, I_B) = (0\,\text{V}, 10\,\mu\text{A})$ および $(0.5\,\text{V}, 0\,\mu\text{A})$ を通過するので, 解図 3.4(a) の②となる. この直線と特性曲線との交点より, バイアス点 Q_{B2} は $I_B = 0\,\mu\text{A}$ と読み取れる.

負荷線は前問と同じであり, $I_B = 0$ の特性曲線との交点より動作点 Q_{C2} は図 (b) に示すように遮断領域にあり, $V_{CE} \fallingdotseq 3\,\text{V}$, $I_C \fallingdotseq 0\,\text{mA}$ と読み取れる.

電位図は図 (d) のようになる. $I_C \fallingdotseq 0$ であるため導面 C と A はほぼ同電位となり, R_C の電圧降下はほぼ 0 になる.

答え　$I_B = 0\,\mu\text{A}$, $I_C \fallingdotseq 0\,\text{mA}$, $V_{CE} \fallingdotseq 3\,\text{V}$, 電位図：解図 3.4(d)

(3)　R_1 を $60\,\text{k}\Omega$ から $300\,\text{k}\Omega$ まで変化させると, 解図 3.5 に示すようにバイアス線は不動点を中

---

†　負荷線はすでに $I_B = 20\,\mu\text{A}$ の特性曲線と飽和領域で交わっているため, $I_B = 26 \,(> 20)\,\mu\text{A}$ の特性曲線を引かなくても飽和領域で交わることはわかる.

章末問題解答   **163**

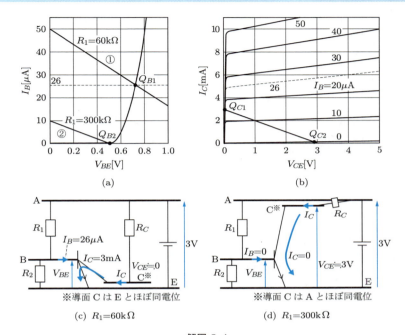

解図 **3.4**

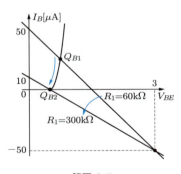

解図 **3.5**

心に左に回転し，バイアス点は Q_{B1} から Q_{B2} へ特性曲線上を，動作点は Q_{C1} から Q_{C2} へ負荷線上を下降する．すなわち，トランジスタは ON 状態から徐々に OFF 状態に遷移する．

3.5 (1) 前問と同様に，バイアス線について R_2 を含む項とそれ以外にまとめて整理することで求める．

答え 不動点 $(V_{BE}, I_B) = (0\,\mathrm{V}, 50\,\mu\mathrm{A})$

(2)(a) バイアス線は解図 3.6(a) の①，バイアス点は Q_{B1}，動作点は図 (b) の Q_{C1} となる．

答え $I_B = 35\,\mu\mathrm{A}$, $I_C \fallingdotseq 5\,\mathrm{mA}$, $V_{CE} \fallingdotseq 0\,\mathrm{V}$, 電位図：解図 3.6(c)

(b) バイアス線は解図 3.6(a) の②，バイアス点は Q_{B2}，動作点は図 (b) の Q_{C2} となる．

答え $I_B = 0\,\mu\mathrm{A}$, $I_C \fallingdotseq 0\,\mathrm{mA}$, $V_{CE} \fallingdotseq 5\,\mathrm{V}$, 電位図：解図 3.6(d)

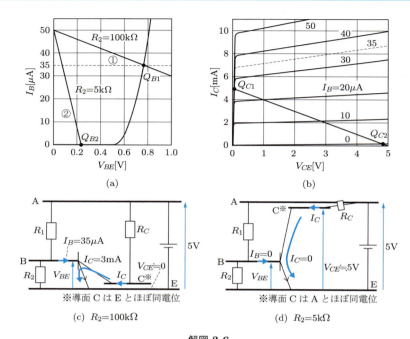

解図 3.6

3.6 (1) トランジスタが ON でかつ活性領域にあるとすると，次のように計算できる．
① R_B の電圧降下は $E_1 - V_F = 2.1\,\text{V}$
② R_B の電流は $I_B = (E_1 - V_F)/R_B = 21\,\mu\text{A}$
③ コレクタ電流は $I_C = h_{FE} I_B = 4\,\text{mA}$
④ R_2 の電圧降下は $R_C I_C = 20\,\text{V}$
⑤ $V_{CE} = E_2 - R_C I_C = 5\,\text{V}$
一方，トランジスタが OFF とすると，$I_B = 0$ より R_B の電圧降下も 0 となり，$V_{BE} = E_1 = 2.7\,\text{V} > 0.6\,\text{V} = V_F$ となり矛盾する．

答え $I_B = 21\,\mu\text{A},\ I_C = 4\,\text{mA},\ V_{CE} = 5\,\text{V}$（$I_C,\ V_{CE}$ は章末問題 **3.3** と同じ）

(2) トランジスタが OFF とすると，(1) のように矛盾する．トランジスタが ON でかつ活性領域にあるとすると，次のように計算できる．
① R_B の電圧降下は $E_1 - V_F = 1.4\,\text{V}$
② R_B の電流は $I_B = V_F/R_B = 35\,\mu\text{A}$
③ コレクタ電流は $I_C = h_{FE} I_B = 6.7\,\text{mA}$
④ R_C の電圧降下は $R_C I_C = 33.3\,\text{V}$
⑤ $V_{CE} = E_2 - R_C I_C < 0$

⑤は動作点が活性領域にあること（$V_{CE} > 0$）に矛盾する．よって，動作点が飽和領域にあると考え $V_{CE} = 0$（手順 3）とすると，R_C に 25 V がかかるのでコレクタ電流は $I_C = E_2/R_C = 5\,\text{mA}$ と求められる．

答え $I_B = 35\,\mu\text{A},\ I_C = 5\,\text{mA},\ V_{CE} = 0\,\text{V}$（$I_C,\ V_{CE}$ は章末問題 **3.3** とほぼ同じ）

(3) トランジスタが OFF とすると，(1) のように矛盾する．トランジスタが ON でかつ活性領域

にあるとすると，次のように計算できる．

① R_B の電圧降下は $E_1 - V_F = 2.1\,\text{V}$
② R_B の電流は $I_B = (E_1 - V_F)/R_B = 21\,\mu\text{A}$
③ コレクタ電流は $I_C = h_{FE}I_B = 4\,\text{mA}$
④ R_C の電圧降下は $R_C I_C = 40\,\text{V}$
⑤ $V_{CE} = E_2 - 40 = -15\,\text{V} < 0$

⑤は動作点が活性領域にあること $(V_{CE} > 0)$ に矛盾する．よって，動作点が飽和領域にあると考え $V_{CE} = 0$（手順3）とすると，R_C に $25\,\text{V}$ がかかるのでコレクタ電流は $I_C = E_2/R_C = 2.5\,\text{mA}$ と求められる．

答え $I_B = 21\,\mu\text{A}$, $I_C = 2.5\,\text{mA}$, $V_{CE} = 0\,\text{V}$（I_C, V_{CE} は章末問題 **3.3** とほぼ同じ）

3.7 (a) トランジスタが ON でかつ活性領域にあるとすると，$V_{BE} = V_F$ であり，解図3.7(a) の電位図より次のように計算できる．

① R_2 の電流 $I_2 = V_F/R_2 = 4.9\,\mu\text{A}$
② R_1 の電圧降下は $E - V_F = 14.4\,\text{V}$
③ $I_1 = (E - V_F)/R_1 = 26\,\mu\text{A}$
④ $I_B = I_1 - I_2 = 21\,\mu\text{A}$
⑤ $I_C = h_{FE}I_B = 4.2\,\text{mA}$
⑥ R_C の電圧降下は $R_C I_C = 10.5\,\text{V}$
⑦ $V_{CE} = E - R_C I_C = 4.5\,\text{V}$

一方，トランジスタが OFF とすると，$I_B = 0$ より R_2 の電圧降下は $R_2 E/(R_1 + R_2) = 2.7\,\text{V}$ $= V_{BE} > V_F$ となり，トランジスタが OFF であること $(V_{BE} < V_F)$ と矛盾する．

答え $I_B = 21\,\mu\text{A}$, $I_C = 4.2\,\text{mA}$, $V_{CE} = 4.5\,\text{V}$

別解 回路は例題 3.4 と同じであり，図 3.14 のようにテブナンの定理を用いてもよい．このとき例

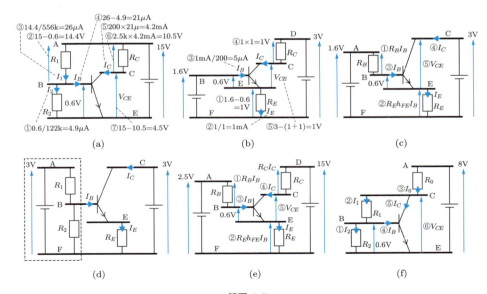

解図 **3.7**

題 3.5(1) の h_{FE} を 200 にした場合と同じ答えが得られる.

(b) トランジスタが ON でかつ活性領域にあるとすると, $V_{BE} = V_F$ であり, 解図 3.7(b) の電位図より次のように計算できる.

① R_E の電圧降下は $E_1 - V_F = 1\,\mathrm{V}$

② $I_C \doteqdot I_E = (E_1 - V_F)/R_E = 1\,\mathrm{mA}$

③ $I_B = I_C/h_{FE} = 5\,\mu\mathrm{A}$

④ R_C の電圧降下は $R_C I_C = 1\,\mathrm{V}$

⑤ $V_{CE} = E_2 - (R_C I_C + R_E I_E) = 1\,\mathrm{V}$

一方, トランジスタが OFF とすると, $I_B = I_C = 0$ より R_E の電圧降下は 0, 導面 E と F が同電位, $V_{BE} = 1.6\,\mathrm{V} > V_F$ となり矛盾する.

答え $I_B = 5\,\mu\mathrm{A},\ I_C = 1\,\mathrm{mA},\ V_{CE} = 1\,\mathrm{V}$

(c) トランジスタが ON でかつ活性領域にあるとすると, $V_{BE} = V_F$ であり, 解図 3.7(c) の電位図より次のように計算できる.

① R_B の電圧降下は $R_B I_B$

② R_E の電圧降下は $R_E I_E \doteqdot R_E h_{FE} I_B$

③ $E_1 = V_F + R_B I_B + R_E I_E$ より $I_B = (E_1 - V_F)/(R_B + R_E h_{FE}) = 4\,\mu\mathrm{A}$

④ $I_C = h_{FE} I_B = 800\,\mu\mathrm{A}$

⑤ $V_{CE} = E_2 - R_E I_E = 2.2\,\mathrm{V}$

一方, トランジスタが OFF とすると, $I_B = I_C = 0$ より R_B, R_C の電圧降下は 0, 導面 A と B, E と F がそれぞれ同電位, $V_{BE} = 1.6\,\mathrm{V} > V_F$ となり矛盾する.

答え $I_B = 4\,\mu\mathrm{A},\ I_C = 800\,\mu\mathrm{A},\ V_{CE} = 2.2\,\mathrm{V}$

(d) 解図 3.7(d) のようにベース側に E をコピーして導面を A と C に分離し, これにテブナンの定理を適用すると, 図 (c) と同じ回路が得られる. ただし, $E_1 = R_2 E/(R_1 + R_2) = 1.8\,\mathrm{V}$, $R_B = R_1 R_2/(R_1 + R_2) = 12\,\mathrm{k}\Omega$ である. 以上の準備のもと, トランジスタが ON でかつ活性領域にあると仮定すると, $V_{BE} = V_F$ であり, 次のように計算できる.

① R_B の電圧降下は $R_B I_B$

② R_E の電圧降下は $R_E I_E \doteqdot R_E h_{FE} I_B$

③ $E_1 = V_F + R_B I_B + R_E I_E$ より $I_B = (E_1 - V_F)/(R_B + R_E h_{FE}) = 10\,\mu\mathrm{A}$

④ $I_C = h_{FE} I_B = 2\,\mathrm{mA}$

⑤ $V_{CE} = E - R_E I_E = 1.9\,\mathrm{V}$

一方, トランジスタが OFF とすると, $I_B = I_C = 0$ より R_B, R_E の電圧降下は 0, $V_{BE} = 1.8\,\mathrm{V} > V_F$ となり矛盾する.

答え $I_B = 10\,\mu\mathrm{A},\ I_C = 2\,\mathrm{mA},\ V_{CE} = 1.9\,\mathrm{V}$

(e) トランジスタが ON でかつ活性領域にあるとすると, $V_{BE} = V_F$ であり, 解図 3.7(e) の電位図より次のように計算できる.

① R_B の電圧降下は $R_B I_B$

② R_E の電圧降下は $R_E I_E \doteqdot R_E h_{FE} I_B$

③ $E_1 = V_F + R_B I_B + R_E I_E$ より $I_B = (E_1 - V_F)/(R_B + R_E h_{FE}) = 2\,\mu\mathrm{A}$

④ $I_C = h_{FE} I_B = 400\,\mu\mathrm{A}$

⑤ $V_{CE} = E_2 - (R_C I_C + R_E I_E) = 7.5\,\mathrm{V}$

一方, トランジスタが OFF とすると, $I_B = I_C = 0$ より R_B, R_C の電圧降下は 0, 導面 A と B, E と F がそれぞれ同電位, $V_{BE} = 2.5\,\mathrm{V} > V_F$ となり矛盾する.

答え $I_B = 2\,\mu\mathrm{A},\ I_C = 400\,\mu\mathrm{A},\ V_{CE} = 7.5\,\mathrm{V}$

(f) トランジスタが ON でかつ活性領域にあるとすると，解図 3.7(f) より次のように計算できる．
① $I_2 = V_F/R_2 = 3\,\mathrm{mA}$
② $I_1 = I_2 + I_B$
③ $I_0 = I_1 + I_C = (I_2 + I_B) + h_{FE}I_B$
④ $E = V_F + R_0 I_0 + R_1 I_1$ より $I_B = \dfrac{E - V_F - (R_0 + R_1)I_2}{R_1 + R_0 + R_0 h_{FE}} = 10\,\mu\mathrm{A}$
⑤ $I_C = h_{FE}I_B = 2\,\mathrm{mA}$
⑥ $V_{CE} = E - R_0 I_0 = 3\,\mathrm{V}$

一方，トランジスタが OFF とすると，$I_B = I_C = 0$ よりコレクタ・エミッタ間の接続を開放除去した場合と等しく，$V_{BE} = R_2 E/(R_0 + R_1 + R_2) = 0.8\,\mathrm{V} > V_F$ で矛盾する．

答え $I_B = 10\,\mu\mathrm{A},\ I_C = 2\,\mathrm{mA},\ V_{CE} = 3\,\mathrm{V}$

3.8 トランジスタは活性領域で $V_{BE} = V_F$ であり，R_E での電圧降下は $E_1 - V_F$ より，$I_C \fallingdotseq (E_1 - V_F)/R_E$ のように R_C に依存せず一定となる．$I_C \fallingdotseq (E_1 - V_F)/R_E = 1\,\mathrm{mA}$．

答え $I_C \fallingdotseq 1\,\mathrm{mA}$

注意 R_C が $2\,\mathrm{k\Omega}$ 以上のとき，$I_C = h_{FE}I_B$（トランジスタが活性領域にある）と仮定して計算すると，$V_{CE} < 0$ となる．すなわち，トランジスタは飽和領域にあり，$V_{CE} = 0$ より $I_C = E/(R_C + R_E)$ のように R_C に依存する．

3.9 (1) 解図 3.8 より，$e = 0$ のときバイアス点は $Q_B(0.5\,\mathrm{V}, 0\,\mu\mathrm{A})$，動作点は $Q_C(10\,\mathrm{V}, 0\,\mathrm{mA})$ である（遮断領域）．

いま，$e = +0.2\,\mathrm{V}$ のとき，バイアス線が図 (a) の破線のように右に移動，ベース電流は $10\,\mu\mathrm{A}$ に増加，コレクタ電流は $2\,\mathrm{mA}$ に増加，コレクタ・エミッタ間電圧は $5\,\mathrm{V}$ に減少する．

一方，$e = -0.2\,\mathrm{V}$ のとき，バイアス線が左に移動するが，これが移動してもベース電流は $e = 0$

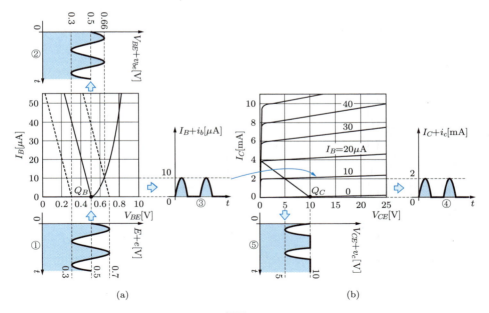

解図 **3.8**

の場合と同じく 0 であるため，コレクタ電流，コレクタ・エミッタ間電圧は動作点と同じ値となる．

答え $V_{BE} + v_{be}$：解図 3.8 ②，$I_B + i_b$：③，$I_C + i_c$：④，$V_{CE} + v_{ce}$：⑤

(2) 解図 3.9 より，$e = 0$ のときバイアス点が $Q_B(0.7\,\text{V}, 20\,\mu\text{A})$，動作点が $Q_C(0\,\text{V}, 4\,\text{mA})$ である（飽和領域とみなす）．

いま，$e = +0.1\,\text{V}$ のとき，バイアス線が図 (a) の破線のように右に移動し，ベース電流は $30\,\mu\text{A}$ に増加するが，すでに動作点は飽和領域にあるため，コレクタ電流は増加せず $4\,\text{mA}$ のままである．一方，$e = -0.1\,\text{V}$ のとき，バイアス線が左に移動し，ベース電流は $10\,\mu\text{A}$ に減少し，コレクタ電流は $2\,\text{mA}$ に減少，コレクタ・エミッタ間電圧は $5\,\text{V}$ に増加する．

答え $V_{BE} + v_{be}$：解図 3.9 ②，$I_B + i_b$：③，$I_C + i_c$：④，$V_{CE} + v_{ce}$：⑤

3.10 図 3.20(a) からわかるように，E_1 を変更せずに $e = 0.15\,\text{V}$ にすると，ベース電流 I_B が $30\,\mu\text{A}$ を超える．また，図 (b) の負荷線からわかるように，$V_{CE} > 0$ の範囲で最大の I_C は，$I_B = 30\,\mu\text{A}$ のとき $I_C = 6\,\text{mA}$ であり，これ以上 I_B を増加させても I_C は増えない．よって，I_B が $30\,\mu\text{A}$ を超える区間では $(V_{CE}, I_C) = (0\,\text{V}, 6\,\text{mA})$ に固定され，i_c は上が，v_{ce} は下がクリップされる．

したがって，v_{ce} が正弦波となるためには，$e = \pm 0.15$ で振動している間のバイアス線の移動範囲（破線から破線まで）を V_{BE} 軸上で $0.6\,\text{V}$ から $0.9\,\text{V}$ とすればよい．すなわち，$(V_{BE}, I_B) = (0.75\,\text{V}, 0\,\text{A})$ を通るバイアス線となる E_1 を考えると，$0 = (E_1 - 0.75)/5k$ より $E_1 = 0.75\,\text{V}$ と求められる．

答え $E_1 = 0.75\,\text{V}$

3.11 (1) 直流等価回路は 3.3.2 項の手順 1 に従って交流電圧源を短絡除去（$v_{in} = 0$），コンデンサを開放除去して得られる．ここで，コンデンサを開放除去すると，これに直列につながる素子も同時に除去されるため，この回路では v_{in} および R_L が除去される．以上より，回路は解図 3.10(b) となり，章末問題 **3.7**(1) と同じ回路となる．したがって，近似解析法でこの回路の動作点を求めると

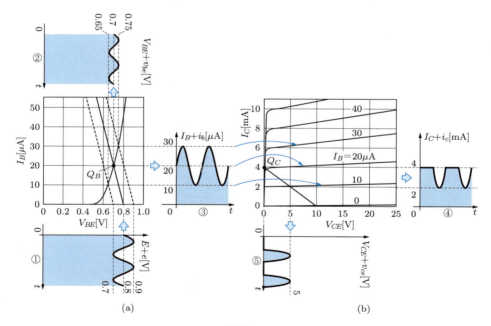

解図 3.9

章末問題解答 **169**

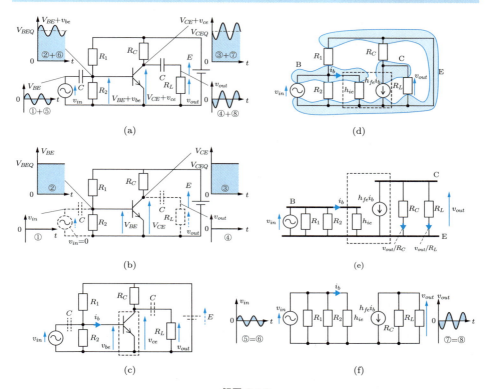

解図 3.10

次のようになる．

① $V_{BE} = V_F = 0.6\,\text{V}$
② $I_2 = V_F/R_2 = 300\,\mu\text{A}$
③ $I_1 = (E - V_F)/R_1 = 320\,\mu\text{A}$
④ $I_B = I_1 - I_2 = 20\,\mu\text{A}$
⑤ $I_C = h_{FE}I_B = 4\,\text{mA}$
⑥ $V_{CE} = E - R_C I_C = 1.4\,\text{V}$

答え 直流等価回路: 解図 3.10(b)，$Q_B(0.6\,\text{V}, 20\,\mu\text{A})$，$Q_C(1.4\,\text{V}, 4\,\text{mA})$

(2) 交流等価回路は，3.3.2 項の手順 2 に従って直流電圧源およびコンデンサを短絡除去することで，解図 3.10(c) となる．小信号等価回路は，手順 3 に従って交流等価回路において破線部分のトランジスタを抵抗 h_{ie}，電流源 $h_{fe}i_b$ の回路に置きかえる（このとき，**電流源の大きさ $h_{fe}i_b$ が不定とならないように，必ず i_b を図中で定義する**）と，図 (d) となる．この図で導面を定義すると（導面は 3 枚），電位図は図 (e) となる[†]．電位図を整理すると，図 (f) の小信号等価回路が得られる．

電位図のベース側回路より，次式が得られる．

---

† 元の回路からは判読が難しいが，R_1 と R_2 また R_C と R_L が交流成分にとっては並列接続であることがわかる．

170　章末問題解答

$$v_{in} = h_{ie}i_b$$

また，コレクタ側回路の導面 C に注目すると，流入電流は 0，流出電流は $h_{fe}i_b$，v_{out}/R_C，v_{out}/R_L より，次式が得られる．

$$0 = h_{fe}i_b + \frac{v_{out}}{R_C} + \frac{v_{out}}{R_L}$$

以上より，i_b を消去すると次式が得られる．

$$v_{out} = -\frac{h_{fe}}{h_{ie}}\frac{R_C R_L}{R_C + R_L}v_{in} = -64\,\text{mV}$$

これより，v_{out} の振幅は $64\,\text{mV}$ である[†]．

> **答え**　交流等価回路: 解図 3.10(c)，小信号等価回路: 図 (f)，
> 電位図: 図 (e)，v_{out} の振幅は $64\,\text{mV}$

(3)　考え方は例題 3.9 と同じである．

> **答え**　入力信号源: 解図 3.10(a) の ① + ⑤，ベース・エミッタ間: ② + ⑥，
> コレクタ・エミッタ間: ③ + ⑦，負荷: ④ + ⑧

3.12　(a)　直流等価回路はコンデンサを開放除去して解図 3.11(a1) となる．近似解析法でこの回路の動作点を求めると，次のようになる．

① $V_{BE} = V_F = 0.6\,\text{V}$

② $I_B = (E_1 - V_F)/R_B = 20\,\mu\text{A}$

③ $I_C = h_{FE}I_B = 4\,\text{mA}$

④ $V_{CE} = E_2 - R_C I_C = 2\,\text{V}$

また，交流等価回路はコンデンサと直流電源を短絡除去して解図 3.11(a2)，トランジスタを抵抗と電流源で近似した後，導面を定義すると図 (a3) となり，電位図は図 (a4)，小信号等価回路は図 (a5) となる．電位図より次式が得られる．

$$\begin{cases} v_{in} = h_{ie}i_b \\ 0 = h_{fe}i_b + \dfrac{v_{out}}{R_C} + \dfrac{v_{out}}{R_L} \end{cases}$$

以上より，i_b を消去すると次式が得られる．

$$v_{out} = -\frac{h_{fe}}{h_{ie}}\frac{R_C R_L}{R_C + R_L}v_{in} = -20v_{in}$$

> **答え**　$Q_B(0.6\,\text{V}, 20\,\mu\text{A})$，$Q_C(2\,\text{V}, 4\,\text{mA})$，$v_{out}/v_{in} = -20$

(b)　直流等価回路はコンデンサを開放除去して解図 3.11(b1) となる．近似解析法でこの回路の動作点を求めると，次のようになる．

① $V_{BE} = V_F = 0.6\,\text{V}$

② R_B の電圧降下は $R_B I_B$

③ R_C の電圧降下は $R_C I_C = R_C h_{FE} I_B$

④ $E = V_F + R_B I_B + R_C I_C$ より $I_B = (E - V_F)/(R_B + R_C h_{FE}) = 60\,\mu\text{A}$

⑤ $I_C = h_{FE}I_B = 12\,\text{mA}$

⑥ $V_{CE} = E - R_C I_C = 1.2\,\text{V}$

また，交流等価回路はコンデンサと直流電源を短絡除去して解図 3.11(b2)，トランジスタを抵抗と電流源で近似した後，導面を定義すると図 (b3) となり，電位図は図 (b4)，小信号等価回路は図 (b5)

[†]　$v_{out}/v_{in} < 0$ より，電位図において導面 B，C，E の関係は，B が E より上のとき C は E の下になり，B が E より下のとき C は逆に E の上になる．

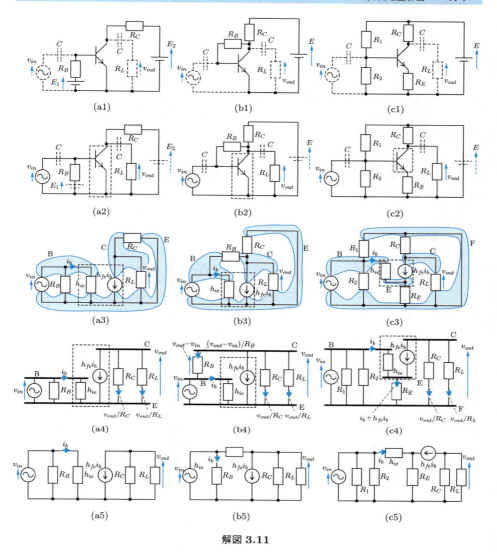

解図 3.11

となる．電位図の導面 BE 間より次式が得られる．

$$v_{in} = h_{ie}i_b$$

また，導面 C の流入電流は 0，流出電流は $(v_{out} - v_{in})/R_B$，$h_{fe}i_b$，v_{out}/R_C，v_{out}/R_L であるので，次式が得られる．

$$0 = \frac{v_{out} - v_{in}}{R_B} + h_{fe}i_b + \frac{v_{out}}{R_C} + \frac{v_{out}}{R_L}$$

以上より，i_b を消去すると次式が得られる．

$$v_{out} = \frac{1 - \dfrac{h_{fe}}{h_{ie}} R_B}{1 + \left(\dfrac{1}{R_C} + \dfrac{1}{R_L}\right) R_B} v_{in} = \frac{1 - 400}{1 + 100} v_{in} \fallingdotseq -4.0 v_{in}$$

答え　$Q_B(0.6\,\mathrm{V}, 60\,\mu\mathrm{A})$, $Q_C(1.2\,\mathrm{V}, 12\,\mathrm{mA})$, $v_{out}/v_{in} = -4$

(c) 直流等価回路はコンデンサを開放除去して解図 3.11(c1) となる．この回路は例題 3.6(c) の回路と同じであり，その解答と同様に，テブナンの定理に従いベース側回路を $E_1 = ER_2/(R_1 + R_2) = 1.5\,\mathrm{V}$, $R_B = R_1R_2/(R_1 + R_2) = 5\,\mathrm{k\Omega}$ の直列回路に置きかえ，近似解析法でこの回路の動作点を求めると，次のようになる．

① $V_{BE} = V_F = 0.6\,\mathrm{V}$
② $E_1 = V_F + R_B I_B + R_E h_{FE} I_B$ より，$I_B = (E_1 - V_F)/(R_B + R_E h_{FE}) = 20\,\mu\mathrm{A}$
③ $I_C = h_{FE} I_B = 4\,\mathrm{mA}$
④ $V_{CE} = E - R_C I_C - R_E I_C = 3.4\,\mathrm{V}$

また，交流等価回路はコンデンサと直流電源を短絡除去して解図 3.11(c2)，トランジスタを抵抗と電流源で近似した後，導面を定義すると図 (c3) となり，電位図は図 (c4)，小信号等価回路は図 (c5) となる．電位図より次式が得られる．

$$\begin{cases} v_{in} = h_{ie} i_b + R_E(1 + h_{fe}) i_b \fallingdotseq h_{ie} i_b + R_E h_{fe} i_b \\ 0 = h_{fe} i_b + \dfrac{v_{out}}{R_C} + \dfrac{v_{out}}{R_L} \end{cases}$$

以上より，i_b を消去すると次式が得られる．

$$v_{out} = -\frac{h_{fe}}{h_{ie} + R_E h_{fe}} \frac{R_C R_L}{R_C + R_L} = -3.2 v_{in}$$

答え　$Q_B(0.6\,\mathrm{V}, 20\,\mu\mathrm{A})$, $Q_C(3.4\,\mathrm{V}, 4\,\mathrm{mA})$, $v_{out}/v_{in} = -3.2$

3.13 例題 3.8 の回路は，例題 3.7(1)(a) と同じであるので，バイアス点は $Q_B(0.7\,\mathrm{V}, 20\,\mu\mathrm{A})$, 動作点は $Q_C(5\,\mathrm{V}, 4\,\mathrm{mA})$ である．

$\partial g / \partial I_B |_{(I_B, V_{CE}) = (I_{BQ}, V_{CEQ})}$ は，$I_B = I_{BQ}$ 一定のもとでのコレクタ・エミッタ間特性曲線における動作点 Q_C での接線の傾きに相当する．すなわち，解図 3.12 より以下のように求められる．

$$h_{oe} = \left.\frac{\partial g}{\partial V_{CE}}\right|_{(I_B, V_{CE}) = (I_{BQ}, V_{CEQ})} = \frac{\Delta I_C}{\Delta V_{CE}} = \frac{0.8}{20} = 40\,\mu\mathrm{S}$$

ここで，S（ジーメンス）は Ω の逆数の単位である．

答え　$h_{oe} = 40\,\mu\mathrm{S}$

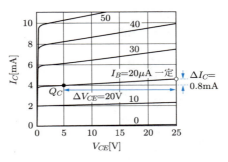

解図 3.12

第 4 章

4.1 (1) 解図 4.1(a) は，この回路の交流等価回路である．トランジスタを h パラメータを用いて描きかえると，図 (b) が得られる．この図のとおり導面 B, C, E を定義すると，図 (c) の電位図が得られる．図 (d) は，電位図から得られる小信号等価回路である．電位図より次式が得られる．

$$\begin{cases} v_{in} = h_{ie}i_b + v_{out} \\ i_b + h_{fe}i_b = v_{out}/R_L \\ i_{in} = i_b \\ i_{out} = v_{out}/R_L \end{cases}$$

以上より，A_v, A_i, Z_i は以下のように求められる．

$$A_v = \frac{v_{out}}{v_{in}} = \frac{1}{1 + \dfrac{h_{ie}}{(1+h_{fe})R_L}} \fallingdotseq 1$$

$$A_i = \frac{i_{out}}{i_{in}} = 1 + h_{fe}$$

$$Z_i = \left|\frac{v_{in}}{i_{in}}\right| = h_{ie} + (1+h_{fe})R_L$$

また，出力インピーダンス Z_o は入力信号源 v_{in} を短絡除去，負荷 R_L を理想電圧源 v_{out} とした

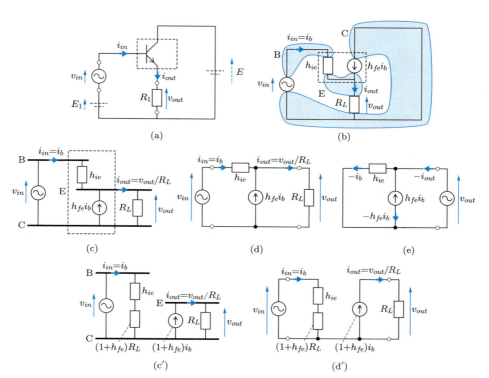

解図 4.1

174 章末問題解答

解図 4.1(e) の回路で考える．$v_{out} = -h_{ie}i_b$, $-i_{out} = -i_b - h_{fe}i_b$ より，Z_o は次のように求められる．

$$Z_o = \left|\frac{v_{out}}{i_{out}}\right| = \frac{h_{ie}}{1+h_{fe}}$$

答え $A_v = 1$, $A_i = 1 + h_{fe}$, $Z_i = h_{ie} + (1+h_{fe})R_L$, $Z_o = h_{ie}/(1+h_{fe})$

(2) 解図 4.2(a) はこの回路の交流等価回路である．トランジスタを h パラメータを用いて描きかえると図 (b) が得られる．この図のとおり導面 B，C，E を定義すると，図 (c) の電位図が得られる．図 (d) は電位図から得られる小信号等価回路である．電位図より次式が得られる．

$$\begin{cases} v_{in} = -h_{ie}i_b \\ 0 = h_{fe}i_b + v_{out}/R_L \\ i_{in} = -i_b - h_{fe}i_b \\ i_{out} = v_{out}/R_L \end{cases}$$

以上より，A_v, A_i, Z_i は以下のように求められる．

$$A_v = \frac{v_{out}}{v_{in}} = \frac{h_{fe}R_L}{h_{ie}}$$

$$A_i = \frac{i_{out}}{i_{in}} = \frac{h_{fe}}{1+h_{fe}} \fallingdotseq 1$$

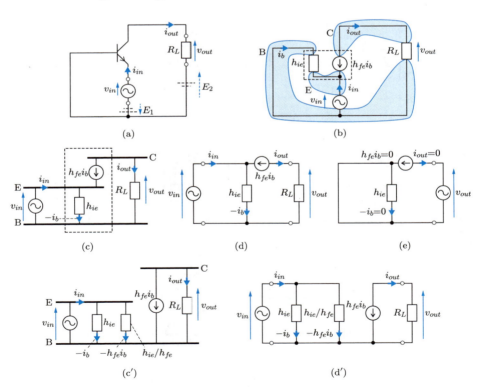

解図 4.2

$$Z_i = \left|\frac{v_{in}}{i_{in}}\right| = \frac{h_{ie}}{1+h_{fe}} \left(= h_{ie} // \frac{h_{ie}}{h_{fe}}\right)$$

また，出力インピーダンス Z_o は入力信号源 v_{in} を短絡除去，負荷 R_L を理想電圧源 v_{out} とした解図 4.2(e) の回路で考える．h_{ie} は短絡されてその電流 i_b は 0 となり，これより電流源も 0 となるため $i_{out} = 0$ となり，Z_o は次のように求められる．

$$Z_o = \left|\frac{v_{out}}{i_{out}}\right| = \infty$$

答え $A_v = h_{fe}R_L/h_{ie}$, $A_i = 1$, $Z_i = h_{ie}/(1+h_{fe})$, $Z_o = \infty$

注意 1 解図 4.1(c′) および解図 4.2(c′) における各導面間の電位差は，各図の (c) と変わらない．よって，図 (c′) の回路からも同じ解が得られる．また，h_{ie} に直列または並列に入る抵抗をそれぞれ 1 つに合成すると各問ともに Z_i と等しくなり，これらの回路はエミッタ接地増幅回路（基本回路）の小信号等価回路図である図 4.5(d) と同じ構造に整理できることがわかる．

注意 2 表 4.1 のとおり，コレクタ接地増幅回路の A_v は 1，A_i および Z_i は h_{fe} に比例する大きな値，Z_o は $1/h_{fe}$ に比例する小さな値であることがわかる．また，ベース接地増幅回路では，A_i は 1，A_v は h_{fe} に比例する大きな値，Z_i は $1/h_{fe}$ に比例する小さな値，Z_o は ∞ と大きな値となることがわかる．

4.2 (1) 例題 4.2 の回路の出力インピーダンス Z_o は，小信号等価回路である図 4.7(d) において入力信号源 v_{in} を短絡除去，負荷 R_L を理想電圧源 v_{out} とした解図 4.3(a) で考える．h_{ie} が短絡され，その電流 i_b が 0 となることから電流源の電流も 0 となり，$v_{out} = -R_C i_{out}$ より $Z_o = |v_{out}/i_{out}| = R_C$ と求められる．

答え $Z_o = R_C$

(2) 例題 4.3 の回路の出力インピーダンス Z_o は，小信号等価回路である図 4.9(d1) において入力信号源 v_{in} を短絡除去，負荷 R_L を理想電圧源 v_{out} とした解図 4.3(b) で考える．この回路では R_1 および R_2 は短絡され，h_{ie} と R_E が並列となる．いま，図中の B の電位が E より高いと仮定すると，E に h_{ie} から i_b，電流源から $h_{fe}i_b$ が流入するため，E から B に向かって R_E に電流が流出することになるが，この場合 B の電位が E より低くなり矛盾する．逆の場合も矛盾が導かれるため，$i_b = 0$，$h_{fe}i_b = 0$ となる．以上より，$Z_o = |v_{out}/i_{out}| = R_C$ となる．

答え $Z_o = R_C$

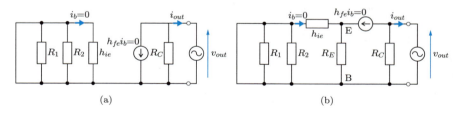

解図 4.3

4.3 交流等価回路，導面の定義，電位図，小信号等価回路を考えると解図 4.4 となる．この回路は例題 4.3 の回路の R_E に並列にコンデンサを挿入した回路である．小信号等価回路ではコンデンサは短絡除去されることから R_E の両端が短絡され，解図 (d) は図 4.7(d) と等しくなる（ただし，$R_B = R_1//R_2$）．よって，A_v, A_i, Z_i は例題 4.2 と，また Z_o は章末問題 **4.2**(1) と同じ値になる．

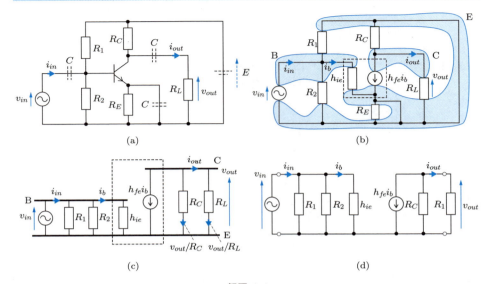

解図 4.4

答え $A_v = -(h_{fe}R_L/h_{ie}) \cdot R_C/(R_C + R_L)$,
$A_i = -h_{fe} \cdot R_B/(R_B + h_{ie}) \cdot R_C/(R_C + R_L)$,
$Z_i = h_{ie} \cdot R_B/(R_B + h_{ie})$, $Z_o = R_C$. ただし, $R_B = R_1//R_2$

注意 例題 4.3 解答後の注意 2 に説明したとおり，図 4.8 の回路（例題 4.3）は図 4.6 の回路（例題 4.2）より A_v, A_i が低下する．しかし，図 4.26 のように R_E にコンデンサを並列に挿入することにより，この低下は改善される．

4.4 (a) 交流等価回路，導面の定義，電位図，小信号等価回路を考えると，解図 4.5 となる．電位図より次式が得られる．

$$\begin{cases} v_{in} = h_{ie}i_b + v_{out} \\ i_b + h_{fe}i_b = v_{out}/R_E + v_{out}/R_L \\ i_{in} = v_{in}/R_1 + v_{in}/R_2 + i_b \\ i_{out} = v_{out}/R_L \end{cases}$$

以上より，A_v, A_i, Z_i は，$R_B = R_1//R_2$, $h'_{ie} = h_{ie} + (1+h_{fe})(R_E//R_L)$ とおくと以下のように求められる．

$$A_v = \frac{v_{out}}{v_{in}} = \frac{1}{1 + \dfrac{h_{ie}}{(1+h_{fe})(R_E//R_L)}} \fallingdotseq 1$$

$$A_i = \frac{i_{out}}{i_{in}} = (1+h_{fe})\frac{R_B}{h'_{ie} + R_B}\frac{R_E}{R_E + R_L}$$

$$Z_i = \left|\frac{v_{in}}{i_{in}}\right| = \frac{h'_{ie}R_B}{R_B + h'_{ie}}$$

また，出力インピーダンス Z_o は入力信号源 v_{in} を短絡除去，負荷 R_L を理想電圧源 v_{out} とした回路 (e) で考える．$v_{out} = -h_{ie}i_b$, $-i_{out} = -i_b - h_{fe}i_b + v_{out}/R_E$ より $h''_{ie} = h_{ie}/(1+h_{fe})$

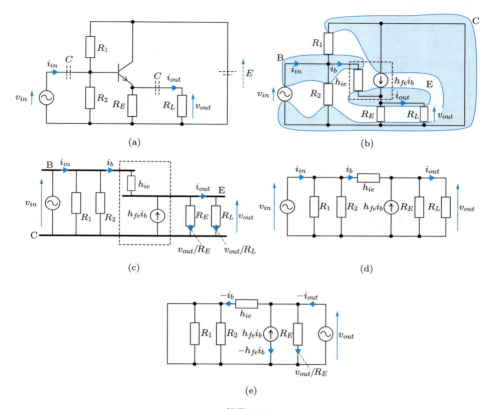

解図 4.5

とおくと，Z_o は次のように求められる．

$$Z_o = \left|\frac{v_{out}}{i_{out}}\right| = \frac{1}{\dfrac{1+h_{fe}}{h_{ie}} + \dfrac{1}{R_E}} = \frac{h''_{ie} R_E}{h''_{ie} + R_E}$$

答え $A_v = 1$, $A_i = (1+h_{fe}) \cdot R_B/(R_B + h'_{ie}) \cdot R_E/(R_E + R_L)$.
$Z_i = h'_{ie} \cdot R_B/(R_B + h'_{ie})$, $Z_o = h''_{ie} \cdot R_E/(h''_{ie} + R_E)$.
ただし，$R_B = R_1 // R_2$, $h'_{ie} = h_{ie} + (1+h_{fe})(R_E // R_L)$, $h''_{ie} = h_{ie}/(1+h_{fe})$

(b) 交流等価回路，導面の定義，電位図，小信号等価回路を考えると，解図 4.6 となる．電位図より次式が得られる．

$$\begin{cases} v_{in} = -h_{ie} i_b \\ 0 = h_{fe} i_b + v_{out}/R_E + v_{out}/R_L \\ i_{in} = -i_b - h_{fe} i_b + v_{in}/R_E \\ i_{out} = v_{out}/R_L \end{cases}$$

以上より，A_v, A_i, Z_i は，$h'_{ie} = h_{ie}/(1+h_{fe})$ とおくと，以下のように求められる．

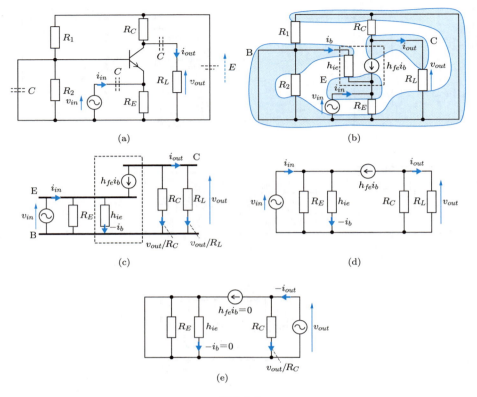

解図 4.6

$$A_v = \frac{v_{out}}{v_{in}} = \frac{h_{fe}R_L}{h_{ie}} \frac{R_L}{R_C + R_L}$$

$$A_i = \frac{i_{out}}{i_{in}} = \frac{h_{fe}}{1 + h_{fe}} \frac{R_C}{R_C + R_L} \frac{R_E}{R_E + h'_{ie}} \fallingdotseq \frac{R_C}{R_C + R_L} \frac{R_E}{R_E + h'_{ie}}$$

$$Z_i = \left|\frac{v_{in}}{i_{in}}\right| = \frac{1}{\dfrac{1+h_{fe}}{h_{ie}} + \dfrac{1}{R_E}} = \frac{h'_{ie}R_E}{R_E + h'_{ie}}$$

また，出力インピーダンス Z_o は入力信号源 v_{in} を短絡除去，負荷 R_L を理想電圧源 v_{out} とした回路 (e) で考える．h_{ie} は短絡されその電流 i_b は 0 となり，これにより電流源も 0 となる．よって，$v_{out} = -R_C i_{out}$ が成り立ち，Z_o は次のように求められる．

$$Z_o = \left|\frac{v_{out}}{i_{out}}\right| = R_C$$

<u>答え $A_v = (h_{fe}R_L/h_{ie}) \cdot R_C/(R_C + R_L)$, $A_i = R_C/(R_C + R_L) \cdot R_E/(R_E + h'_{ie})$,
$Z_i = h'_{ie} \cdot R_E/(R_E + h'_{ie})$, $Z_o = R_C$, ただし，$h'_{ie} = h_{ie}/(1 + h_{fe})$</u>

注意 章末問題 **4.1** の基本回路の小信号等価回路と比較して，両回路とも v_{in} や R_L に抵抗が並列に挿入されることから，例題 4.2 解答後の注意と同様に A_v, A_i, Z_i は低下する．

4.5 (1) この回路の直流等価回路は例題 3.6(a) と同じ回路で，図 3.18(a) の電位図より $I_C = h_{FE}I_B = h_{FE}(E-V_F)/R_B$ である．例題 3.6(a) の解答から $h_{FE1} = 200$ のとき $I_{C1} = 720\,\mu\text{A}$．一方，$h_{FE2} = 400$ のとき $I_{C2} = 1.44\,\text{mA}$ と求められる．したがって，$\Delta I_C/I_{C1} = 100\%$．

答え h_{FE} が 100% 変化すると I_C も 100% 変化する．

(2) この回路の直流等価回路は例題 3.6(b) と同じ回路で，その解答より $I_C = h_{FE}I_B = h_{FE}(E_1 - V_F)/(R_B + R_C h_{FE})$ である．例題 3.6(a) の解答から $h_{FE1} = 200$ のとき $I_{C1} = 960\,\mu\text{A}$．一方，$h_{FE2} = 400$ のとき $I_{C2} = 1.15\,\text{mA}$ と求められる．したがって，$\Delta I_C/I_{C1} = 20\%$．

答え h_{FE} が 100% 変化すると I_C は 20% 変化する．

注意 例題 4.5 の電流帰還バイアス回路は，h_{FE} が 100% 変化しても I_C は 5% しか変化せず，自己バイアス回路や電流帰還バイアス回路より h パラメータの影響を受けにくいことがわかる．

4.6 (1) 仮想短絡より $v^- = v^+ = 0$，各抵抗の電流を解図 4.7(a) のように定義すると，$i_1 = v_1/R_1$，$i_2 = v_2/R_2$，$i_f = (v^- - v_{out})/R_f = -v_{out}/R_f$ であり，オペアンプの入力インピーダンスは無限大であることから $i_f = i_1 + i_2$．以上より，$v_{out} = -R_f(v_1/R_1 + v_2/R_2)$ が得られる．

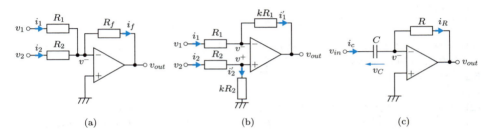

解図 4.7

(2) 各抵抗の電流を解図 4.7(b) のように定義すると，$i_1 = (v_1 - v^-)/R_1$，$i_1' = (v^- - v_{out})/kR_1$，$i_1 = i_1'$ より $v^- = (kv_1 + v_{out})/(1+k)$．また，$i_2 = (v_2 - v^+)/R_2$，$i_2' = v^+/kR_2$，$i_2 = i_2'$ より $v^+ = kv_2/(1+k)$．仮想短絡 $v^- = v^+$ より $v_{out} = k(v_2 - v_1)$ が得られる．

(3) 仮想短絡より $v^- = 0$．抵抗とコンデンサの電流を解図 4.7(b) のように定義すると $i_R = (v^- - v_{out})/R = -v_{out}/R$．$C$ の両端電位差は図より $v_C = v_{in} - v^- = v_{in}$，コンデンサの電荷は $q = Cv_C = Cv_{in}$．コンデンサの蓄積電荷 q の時間変化が i_C であるので，$i_C = dq/dt = Cdv_{in}/dt$ が成り立つ．$i_C = i_R$ より，$-v_{out}/R = Cdv_{in}/dt$ となり $v_{out} = -RCdv_{in}/dt$ が得られる．

4.7 発振周波数は周波数条件 $6\omega RC - 1/\omega RC = 0$ より $f = \omega/2\pi = 1/2\pi\sqrt{6}RC$．振幅条件は $(R_2/R_1)(\omega RC)^2/(5 - (\omega RC)^2) \geq 1$ より $R_2 \geq 29R_1$．

答え 発振周波数：$f = 1/2\pi\sqrt{6}RC$，振幅条件：$R_2 \geq 29R_1$

4.8 $Z_1 = j\omega L_1$，$Z_2 = 1/j\omega C$，$Z_3 = j\omega L_3$ より，$X_1 = \omega L_1$，$X_2 = -1/\omega C$，$X_3 = \omega L_3$ となり，周波数条件 (4.36) より

$$\omega(L_1 + L_3) - \frac{1}{\omega C} = 0$$

が導かれ，以上より発振周波数は以下のように求められる．

$$f = \frac{1}{2\pi\sqrt{(L_1 + L_3)C}}$$

また，振幅条件は式 (4.37) より以下となる．

$$h_{fe} \geq \frac{L_1}{L_3}$$

答え 発振周波数：$f = 1/(2\pi\sqrt{(L_1 + L_3)C})$，振幅条件：$h_{fe} \geq L_1/L_3$

第5章

5.1 (1) 123 の 2 進数は $1111011_{(2)}$．8 進数，16 進数は 2 進数表現の数値を下桁から 3 bit または 4 bit ごとに分割し，それぞれを表 5.1 の 8 進数，16 進数に対応する値に変換すればよい．$123 = 001\ 111\ 011_{(2)} = 173_{(8)}$．$123 = 0111\ 1011_{(2)} = 7B_{(16)}$．

答え 2 進数：$1111011_{(2)}$，8 進数：$173_{(8)}$，16 進数：$7B_{(16)}$

(2) **答え** 3bit：$101_{(2)}$，4bit：$1101_{(2)}$，5bit：$11101_{(2)}$

(3) 3 つの 2 進数 $b_{n-2}\cdots b_1 b_0$，$b_{n-1}b_{n-2}\cdots b_1 b_0$，$b_{n-1}b_{n-1}b_{n-2}\cdots b_1 b_0$ を 10 進数に変換したときの数値をそれぞれ x，y，z とする．$b_{n-1} = 0$ のとき $y = b_{n-1}\cdot 2^{n-1} + x = 0 + x = x$，$z = b_{n-1}\cdot 2^n + b_{n-1}\cdot 2^{n-1} + x = 0 + 0 + x = x$ より $y = z$ である．一方，$b_{n-1} = 1$ のとき $y = b_{n-1}\cdot(-2^{n-1}) + x = -2^{n-1} + x$，$z = b_{n-1}\cdot(-2^n) + b_{n-1}\cdot 2^{n-1} + x = -2^n + 2^{n-1} + x = -2^{n-1} + x$ より $y = z$ である．

注意 一般に，n bit の 2 の補数を $n+1$ bit の 2 の補数に変換するとき，最上位桁の bit をコピーしてその上に付加すればよい．これを符号拡張という．

5.2 (1) 右辺 $= (A + B)\overline{AB} = (A + B)(\overline{A} + \overline{B}) = A\overline{A} + A\overline{B} + \overline{A}B + B\overline{B} = \overline{A}B + A\overline{B} =$ 左辺

(2) 左辺 $= (A + B)\overline{AB} = A\overline{AB} + B\overline{AB} = \overline{\overline{A\overline{AB}} + \overline{B\overline{AB}}} = \overline{\overline{A\overline{AB}}\ \overline{B\overline{AB}}} =$ 右辺

(3) 右辺 $= \overline{A}B + A\overline{B} = \overline{\overline{A}B}\ \overline{A\overline{B}} = (A + \overline{B})(\overline{A} + B) = A\overline{A} + AB + \overline{A}\overline{B} + \overline{B}B = \overline{A}\overline{B} + AB =$ 左辺

5.3 (i) $n = 2$ のとき明らかに $\overline{A_1 + A_2} = \overline{A_1}\ \overline{A_2}$．

(ii) $n = k$ のとき $\overline{A_1 + A_2 + \cdots + A_k} = \overline{A_1}\ \overline{A_2}\cdots \overline{A_k}$ が成り立つと仮定すると，

$$\overline{(A_1 + A_2 + \cdots + A_k) + A_{k+1}} = \overline{A_1 + A_2 + \cdots + A_k}\ \overline{A_{k+1}}$$
$$= (\overline{A_1}\ \overline{A_2}\cdots \overline{A_k})\overline{A_{k+1}}$$

となり，$n = k + 1$ でも成り立つ．以上より，帰納的に証明された．

5.4 **答え** (a) $Z_1 = A\overline{B}$ (b) $Z_2 = AB + \overline{B}C$
(c) $Z_3 = \overline{A}BC + A\overline{B}C + AB\overline{C} + ABC$，真理値表：解表 5.1

解表 5.1

A	B	Z_1	A	B	C	Z_2	Z_3
0	0	0	0	0	0	0	0
0	1	0	0	0	1	1	0
1	0	1	0	1	0	0	0
1	1	0	0	1	1	0	1
			1	0	0	0	0
			1	0	1	1	1
			1	1	0	1	1
			1	1	1	1	1

5.5 A と B の XOR は $A \text{ XOR } B = \overline{A}B + A\overline{B}$ であり，A と B の NAND は $A \text{ NAND } B = \overline{AB}$ である．$C = \overline{AB} = A \text{ NAND } B$ とおくと，章末問題 **5.2**(1) および (2) より，$A \text{ XOR } B = \overline{A}B + A\overline{B} = (A+B)\overline{AB} = \overline{\overline{A\overline{AB}}\,\overline{B\overline{AB}}} = \overline{\overline{AC}\,\overline{BC}} = (A \text{ NAND } C) \text{ NAND } (B \text{ NAND } C)$．よって，XOR は解図 5.1 のようになる．

答え 解図 5.1

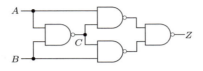

解図 **5.1**

5.6 Z_1 は $(A, B, C) = (0,0,0), (0,1,0), (0,1,1), (1,0,0)$ のとき 1 となる．よって，これらに対応する A, B, C の積項を論理和の形式に書く．

Z_2 は $(A, B, C) = (0,0,1), (0,1,1), (1,0,0), (1,0,1), (1,1,1)$ のとき 1 となる．よって，これらに対応する A, B, C の積項を論理和の形式に書く．

答え $Z_1 = \overline{A}\,\overline{B}\,\overline{C} + \overline{A}B\overline{C} + \overline{A}BC + A\overline{B}\,\overline{C}$
$Z_2 = \overline{A}\,\overline{B}C + \overline{A}BC + A\overline{B}\,\overline{C} + A\overline{B}C + ABC$

5.7 (1) 図 5.28(b) の回路 NOT が図 (c) の回路 OR の後半にあることから，f は NOR である．

答え NOR

(2) 図 5.28(d) の真理値表は AND である．$\overline{A}$ と $\overline{B}$ の NOR は $\overline{\overline{A}+\overline{B}} = \overline{\overline{A}}\,\overline{\overline{B}} = AB$ である．よって，解図 5.2 が図 5.28(d) の論理回路である．

答え 解図 5.2

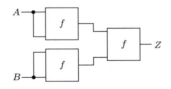

解図 **5.2**

5.8 (1) 章末問題 **5.4** の Z_3 と同じ．

答え 解表 5.1 の Z_3

(2) カルノー図は解図 5.3(a) のとおり．図より $Z = AB + BC + CA$ と簡単化できる．これより回路は図 (b) のとおり．

答え 解図 5.3(b)

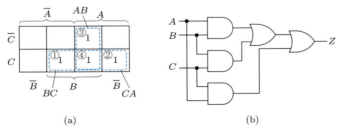

解図 **5.3**

注意 章末問題 **5.4**(3) と同じ，回路が簡単化により小さくなることが確認できる．

5.9 (1) 　　　　　　　　　　　　　　　　　　　　　　　　　　**答え** 解表 5.2

解表 5.2

A	B	C	Z
0	0	0	0
0	0	1	1
0	1	0	1
0	1	1	0
1	0	0	1
1	0	1	0
1	1	0	0
1	1	1	1

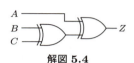

解図 5.4

(2) $A = 0$ のとき出力は $B \oplus C$，$A = 1$ のとき出力は $\overline{B \oplus C}$ である．よって，出力 Z は $Z = \overline{A}(B \oplus C) + A(\overline{B \oplus C}) = A \oplus (B \oplus C)$ と書け，解図 5.4 のように構成できる．

答え 解図 5.4

5.10 (1) 　　**答え** 真理値表：解表 5.3，$e = \overline{A}\,\overline{B}\,\overline{C}\,\overline{D} + \overline{A}\,\overline{B}\,C\,\overline{D} + \overline{A}\,B\,C\,\overline{D} + A\,\overline{B}\,\overline{C}\,\overline{D}$

解表 5.3

A	B	C	D	e	A	B	C	D	e
0	0	0	0	1	1	0	0	0	1
0	0	0	1	0	1	0	0	1	0
0	0	1	0	1	1	0	1	0	*
0	0	1	1	0	1	0	1	1	*
0	1	0	0	0	1	1	0	0	*
0	1	0	1	0	1	1	0	1	*
0	1	1	0	1	1	1	1	0	*
0	1	1	1	0	1	1	1	1	*

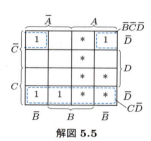

解図 5.5

(2) カルノー図は解図 5.5 のとおり．ドントケアを利用すると $e = \overline{B}\,\overline{C}\,\overline{D} + C\overline{D} = (\overline{B}\,\overline{C} + C)\overline{D}$ のように簡単化できる．

答え カルノー図：解図 5.5，$e = (\overline{B}\,\overline{C} + C)\overline{D}$

引用・参考文献

[1] 二宮保，小浜輝彦：学びやすいアナログ電子回路，森北出版 (2014)
[2] 雨宮好文：基礎電子回路演習 (I)，オーム社 (1989)
[3] 鈴木雅臣：トランジスタ技術増刊トラ技 ORIGINAL No.1，CQ 出版 (1989)
[4] 石橋幸男：アナログ電子回路演習 基礎からの徹底理解，培風館 (1998)
[5] 堀桂太郎：よくわかる電子回路の基礎，電気書院 (2009)
[6] 陶良，関弘和：回路解析力が身につく電子回路入門，コロナ社 (2014)
[7] 藤井信生：アナログ電子回路の基礎，オーム社 (2014)
[8] 藤井信生：なっとくする電子回路，講談社 (1994)
[9] 佐藤隆英：電子情報通信学会『知識の森』2-1 基本増幅回路，電子情報通信学会 (2009)
http://www.ieice-hbkb.org/files/01/01gun_07hen_02.pdf#page=2
[10] 湯山俊夫：ディジタル IC 回路の設計，CQ 出版 (1986)
[11] 瀬谷啓介：DSP プログラミング入門，日刊工業新聞社 (1996)

索　引

●英　数●

10 進数	125
16 進数	125
2 進数	125
2 の補数	126
7 セグメント LED	138
8 進数	125
AND	128
bit	126
byte	126
CPU	147
D-FF	145
D フリップフロップ	145
D ラッチ	145
FET	62
h パラメータ	84
IC	111
LC 発振回路	119
LED	40
NAND	128
NOR	128
NOT	128
npn トランジスタ	62
n 形半導体	37
OR	128
pnp トランジスタ	62
pn 接合	39
p 形半導体	37
RC 発振回路	117
RS-FF	144
RS フリップフロップ	144
T-FF	146
T フリップフロップ	146
XOR	128

●あ　行●

アナログ回路	125
アナログ信号	125
アノード	39
網目解析法	9
インピーダンス	8, 27
インピーダンス変換回路	115
ウィーンブリッジ発振回路	117
エミッタ	62
エミッタ共通増幅回路	99
エミッタ接地増幅回路	99, 100
エミッタ電流	63
エミッタフォロワ回路	100
演算増幅器	111
オイラーの公式	26
オーバーフロー	142
オープン	5
オープンループ利得	117
オームの法則	6, 11
オペアンプ	111

●か　行●

開放	5
開放除去	5
回路解析	9
カウンタ	147
角周波数	2
加算回路	115
仮想短絡	113
カソード	39
活性領域	65
カップリングコンデンサ	103
過渡状態	9
可変容量ダイオード	41
カルノー図	134
完全系	132
寄生容量	111
逆方向バイアス	40
キャリア	38
キルヒホッフの電圧則	8, 11
キルヒホッフの電流則	9, 11
空乏層	39
矩形波	33
組合せ回路	138
グランド	6
クリップ回路	57
結合コンデンサ	103
減算回路	115
コイル	8
高域カットオフ周波数	110
高域遮断周波数	24, 110

高域通過フィルタ	25
交流	1
交流回路	1
交流等価回路	22, 49, 84
交流負荷線	107
固定バイアス回路	109
コルピッツ発振回路	121
コレクタ	62
コレクタ・エミッタ間飽和電圧	72
コレクタ共通増幅回路	99
コレクタ遮断電流	64
コレクタ接地増幅回路	99, 100
コレクタ電流	63
コンデンサ	7

●さ　行●

最小項	134
実際の電源	3
実際の電流源	15
時定数	32
遮断領域	64
集積回路	111
自由電子	37
周波数条件	117
主加法標準形	134
出力インピーダンス	97, 98
順序回路	138
順方向降下電圧	40
順方向バイアス	39
小信号	2, 49, 83
小信号等価回路	50, 86
ショート	5
初期位相	2
信号	2
信号源	2
真性半導体	37
振幅	2
振幅条件	117
真理値	128
真理値表	128
スイッチ	5
正孔	38
静特性	64

索引 185

整流回路	54	電圧フォロワ	115	非線形素子	1
整流作用	40	電圧利得	97	ビット	126
整流ダイオード	40	電位図	11	否定	128
積分回路	115	電界効果トランジスタ	62	非反転増幅回路	115
絶縁体	37	電源	3	非反転入力端子	111
接地	6	電子回路	1	微分回路	115
節点解析法	9	電流帰還バイアス回路	105, 109	フーリエ級数展開	2
全加算器	140, 141	電流源	3	ブール代数	128
線形	27	電流増幅作用	63	負荷	97
線形回路	1	電流増幅度	97	負荷線	42, 70
線形近似	28	電流増幅率	64	負荷抵抗	3
線形素子	1	電流利得	97	負帰還	109, 113
全波整流回路	54	電力増幅度	97	符号拡張	180
全微分	29	電力利得	97	不純物半導体	37
増幅回路	97	動作点	42, 70	平滑回路	55
		動作量	97	ベース	62
●た 行●		導線	5	ベース共通増幅回路	99
ダイオード	39	導体	37	ベース接地増幅回路	99, 100
ダイオード特性	40	導面	10	ベース電流	63
大信号	2	トランジスタ	62	ベン図	128
タイミングチャート	143	ドントケア	137	飽和領域	65
多数決回路	149			ホール	38
短絡	5	**●な 行●**			
短絡除去	5	内部インピーダンス	4, 5	**●ま 行●**	
直流	1	内部抵抗	4, 5	脈流	54
直流回路	1	入力インピーダンス	97, 98	ミラー効果	111
直流電流増幅率	75	熱雑音	125		
直流等価回路	22, 49, 84			**●や 行●**	
直流負荷線	107	**●は 行●**		誘導性リアクタンス	8
ツェナー降伏	40	ハートレー発振回路	121	容量	7
ツェナーダイオード	41, 56	バイアス	22, 107	容量性リアクタンス	8
ツェナー電圧	40	バイアス回路	109		
低域カットオフ周波数	110	バイアス線	69	**●ら 行●**	
低域遮断周波数	25, 110	バイアス点	70	理想ダイオード	44
低域通過フィルタ	24	排他的論理和	128	理想電圧源	3
定常状態	9	バイト	126	理想電源	3
定電圧回路	56	ハイパスフィルタ	25	理想電流源	4
定電圧源	3	バイポーラトランジスタ	62	レジスタ	147
定電圧ダイオード	41	発光ダイオード	40	ローパスフィルタ	24
定電流源	4	発振回路	116	論理演算	128
デコーダ回路	138	発振周波数	117	論理回路	130
デジタル回路	125	発振条件	117	論理関数	128
デジタル信号	125	バリキャップ	41	論理式	128
デシベル	29, 98	半加算器	140	論理式の簡単化	134
テブナンの定理	18	反転増幅回路	112, 115	論理積	128
電圧帰還バイアス回路	109	反転入力端子	111	論理素子	130
電圧源	3	半導体	37	論理値	128
電圧源・電流源の等価変換	16	半波整流回路	54	論理変数	128
電圧増幅度	97, 112	非線形	27	論理和	128

著者略歴

太田　正哉（おおた・まさや）
1991 年　大阪府立大学工学部電気工学科卒業
1993 年　大阪府立大学大学院工学研究科博士前期課程修了（電気工学専攻）
1996 年　大阪府立大学大学院工学研究科博士後期課程修了（電気工学専攻）
　　　　　博士（工学）
1996 年　大阪電気通信大学講師
2002 年　大阪府立大学講師
2012 年　大阪府立大学准教授
2016 年　大阪府立大学教授
2022 年　大阪公立大学教授
　　　　　現在に至る

編集担当　太田陽喬（森北出版）
編集責任　藤原祐介（森北出版）
組　　版　中央印刷
印　　刷　同
製　　本　ブックアート

例解　電子回路入門　　　　　　　　　　　　　　© 太田正哉　2019
2019 年 9 月 30 日　第 1 版第 1 刷発行　　【本書の無断転載を禁ず】
2024 年 8 月 30 日　第 1 版第 2 刷発行

著　　者　太田正哉
発 行 者　森北博巳
発 行 所　森北出版株式会社
　　　　　東京都千代田区富士見 1-4-11（〒102-0071）
　　　　　電話 03-3265-8341／FAX 03-3264-8709
　　　　　https://www.morikita.co.jp/
　　　　　日本書籍出版協会・自然科学書協会　会員
　　　　　JCOPY ＜（一社）出版者著作権管理機構　委託出版物＞

落丁・乱丁本はお取替えいたします.

Printed in Japan／ISBN 978-4-627-77641-8